·慧眼识河·
黄河水文化科普丛书

丛书主编 ◎江恩慧
丛书副主编 ◎田世民

九曲黄河万古流

田世民　屈　博　王弯弯
夏厚杨　许诗丹　任　棐　编著

中国水利水电出版社
www.waterpub.com.cn
·北京·

内 容 提 要

《九曲黄河万古流》是《黄河水文化科普丛书·慧眼识河》的首册，统领丛书内容，概览黄河全貌，窥探奥妙一斑。本书共6章，以历史为轴线，纵览黄河前世今生，详解黄河孕育演化，阐述黄河文明发展，回顾黄河千年忧患，梳理治黄历史进程，概述千年治黄思想，展示人民治黄巨大成就，展望幸福黄河美好愿景。

本书通俗易懂、图文并茂，提供了一个了解黄河、认知黄河的窗口，可供社会公众、行政管理人员、相关专业技术人员、高校师生阅读和参考。

图书在版编目（CIP）数据

九曲黄河万古流 / 田世民等编著. -- 北京 : 中国水利水电出版社，2024.1
（黄河水文化科普丛书. 慧眼识河）
ISBN 978-7-5226-1332-1

Ⅰ. ①九… Ⅱ. ①田… Ⅲ. ①黄河－水利史 Ⅳ. ①TV882.1

中国国家版本馆CIP数据核字（2023）第036524号

审图号：GS（2023）889号

书　　名	黄河水文化科普丛书·慧眼识河 **九曲黄河万古流** JIU QU HUANG HE WANGU LIU
作　　者	田世民　屈博　王弯弯　夏厚杨　许诗丹　任枭　编著
出版发行	中国水利水电出版社 （北京市海淀区玉渊潭南路1号D座　100038） 网址：www.waterpub.com.cn E-mail: sales@mwr.gov.cn 电话：（010）68545888（营销中心）
经　　售	北京科水图书销售有限公司 电话：（010）68545874、63202643 全国各地新华书店和相关出版物销售网点
排　　版	中国水利水电出版社微机排版中心
印　　刷	北京印匠彩色印刷有限公司
规　　格	210mm×230mm　20开本　12.5印张　290千字
版　　次	2024年1月第1版　2024年1月第1次印刷
印　　数	0001—1000册
定　　价	**158.00元**

《黄河水文化科普丛书·慧眼识河》
编委会

《黄河水文化科普丛书·慧眼识河》
组织单位

黄河水利委员会黄河水利科学研究院

黄河流域生态保护和高质量发展研究中心

中国保护黄河基金会

黄河研究会

中国水利学会流域发展战略专委会

中国大坝工程学会水库泥沙处理与资源利用技术专委会

水利部黄河下游河道与河口治理重点实验室

河南省黄河流域生态环境保护与修复重点实验室

河南省湖库功能恢复与维持工程技术研究中心

河南省黄河水生态环境工程技术研究中心

中国水利水电出版社有限公司

河南省水利学会

　　中国是一个水利大国，中华民族的治水传统与华夏文明一样源远流长，国家兴衰与治水成败密切相连。纵观我国历史，从大禹开始，历代善治国者均以治水为重。"圣人之治，其枢在水"，无论是秦皇汉武、唐宗宋祖，还是清朝的康熙、乾隆皇帝，每一个有作为的统治者都把水利作为施政的重点。新中国成立以来，党中央、国务院十分重视水利事业。70多年来水利发展成就举世瞩目，其中人民治黄是我国现代治水实践的一个缩影。在中国共产党坚强领导下，黄河治理保护取得成绩斐然，水沙治理成效显著，生态环境持续向好，流域发展水平不断提升，黄河由一条中华民族历史上的忧患之河成为安澜之河、幸福之河，为国家安全、民族复兴提供了强有力的支撑和保障。尤其是党的十八大以来，国家进一步加大治黄力度，党中央、国务院出台《黄河流域生态保护和高质量发展规划纲要》，全面贯彻习近平总书记关于黄河治理"重在保护，要在治理""共同抓好大保护，协同推进大治理"的重要指示，黄河治理进入一个新的时期。

　　水利科普是面向广大的社会公众、地方行政部门与官员普及水利知识、奠定共同推动水利事业发展这一社会基础的重要抓手。对治黄理论和实践的科学普及亦是如此。黄河治理保护问题十分复杂，河流水系、经济社会、生态环境三大系统相互作用，水安全保障、经济社会发展、生态环境保护协同推进的边界条件、约束条件与影响因素众多。在着力推进黄河流域生态保护和高质量发展重大国家战略实施的进程中，需要加大对治黄理论和实践的科学普及，把黄河孕育过程、演变历史、水沙灾害、治理成效、新的挑战等各种知识，向全社会公众深入浅出地宣传推广，形成新时期治黄在社会公众层面的和谐共鸣—同频共振—协同共建，实现政府部门、专业人士和社会公众的良性互动。为此，2021年水利部、共青团中央、中国科协共同印发了《关于加强水利科普工作的指导意见》，把强化水利科普供给作为未来科学普及的重点任务之一。黄河治理历史之久，难度之大，任务之重，故事之多，成效之好，必然是水利科普的重要题材。普及好治黄的理论与实践，必将为水利科普这部巨著增添美好的华章。

当前，我国水利科普的形式、内容和力度都还不够，科普的载体仍以水利博物馆为主，且数量远不能满足水利高质量发展科普工作的需要。宣传画册、群众参与及沉浸式体验往往依托重要水利科普宣传教育日，系统性水利科普著作尚未形成体系化的产品，影响能力与效果尚待提高。为了弥补水利科普形式上的不足，黄河水利科学研究院江恩慧同志饱含对母亲河的热爱、对治黄事业的执着，带领黄科院博士团队，从科技工作者的视角，基于扎实的专业知识和科学的思维，围绕黄河治理保护重大问题，共设置《九曲黄河万古流》《黄河生态纵横谈》《母亲河水润神州》《洪魔旱魃知多少》《悬河利害两相济》《水沙调控助安澜》《大河之治话河口》七个主题，编撰了这套《黄河水文化科普丛书·慧眼识河》。丛书以时间为经线、以空间为纬线，图文并茂，语言优美，突出科普知识面上纵览与点上透彻的融合，阐释黄河治理保护与区域社会经济发展的协同效应，全面普及了黄河保护治理的基本概念和科学知识，向全社会提供一个了解黄河、认知黄河、感受黄河的窗口。丛书的编撰既是对习近平总书记关于科学普及重要论述的响应，也是贯彻落实黄河流域国家战略以及党的二十大精神的一项具体举措，有助于在政府层面建立保护治理黄河、推动高质量发展的决策基础，在社会公众层面形成爱护黄河、维护黄河保护治理成效的自觉意识，在满足人民群众对建设幸福黄河的美好向往上具有很强的时代性和创新性。

是为序。

2023 年 2 月 17 日

  黄河是中华民族的母亲河。黄河流域在我国政治、经济、文化发展进程中具有举足轻重的作用。然而，黄河水患频发，"体弱多病"，成为古往今来世界著名的灾难之河。

  历朝历代的治黄先驱，为了黄河安澜前赴后继进行了不懈的探索。但是，由于黄河问题的复杂性、人们对黄河认知的局限性，无论从技术层面还是行政管理层面，九龙治水、各自为政的局面长期存在。实际上，流域是一个系统性的有机整体，黄河流域系统水资源高效利用—行洪输沙—生态环境—社会经济各子系统自身的良性运转和彼此间的协同发展，存在着复杂的博弈关系。2011年，钱学森老先生在详细了解黄河治理的复杂性后指出，"中国的水利建设是一项长期基础建设，而且是一项类似于社会经济建设的复杂系统工程，它涉及人民生活、国家经济""对治理黄河这个题目，黄河水利委员会的同志可以用系统科学的观点和方法，发动同志们认真总结过去的经验，讨论全面治河，上游、中游和下游，讨论治河与农、林生产，讨论治河与人民生活，讨论治河与社会经济建设等，以求取得共识，制定一个百年计划，分期协调实施。"2019年，习近平总书记在郑州召开座谈会上发出了"让黄河成为造福人民的幸福河"的伟大号召，将黄河生态保护和高质量发展上升为重大国家战略；总书记强调，要牢固树立"一盘棋"思想，更加注重保护和治理的系统性、整体性、协同性；要坚持山水林田湖草沙综合治理、系统治理、源头治理，统筹推进各项工作，加强协同配合，推动黄河流域高质量发展。

  黄河治理保护不是单纯的自然科学问题，与社会问题交织使得复杂难治的黄河问题更加复杂。黄河流域的系统治理迫切需要地方政府及社会公众的积极参与和大力支持。然而，社会公众对黄河的了解尚远远不够，黄河对中华民族可持续发展的重要性、黄河的特性与系统治理的难度和复杂性、黄河高质量发展面临的问题和挑战等等，均亟须开展广泛的科学普及以及深入的宣传。党的十八大以来，国家对科学普及工作十分重视。水利部、共青团中央、中国科协共同印发了《关于加强水利科普工作的指导意见》，强调要充分发挥水利科技社团、科研人员在科普工作中的主力军作用，围绕国家水安全战略需要和社会公众需求，加强科普作品开发和创作，针对水利社会热点和公众关切问题解疑释惑。

由黄河水利委员会黄河水利科学研究院江恩慧教高领衔编写的这套《黄河水文化科普丛书·慧眼识河》，可谓是正当其时。全套丛书有总有分、有粗有细，语言考究、图文并茂，时空跨度之大，涉及角度之广，通俗易懂又不失深度与美感。全套丛书内容丰富，从不同视觉为我们展现了黄河的诞生与发展、治黄方略的形成与演变，总结了不同历史时期黄河治理的经验、人民治黄的伟大成就，深入阐述了世人关切的黄河水沙调控、防汛抗旱减灾、水资源节约集约利用、生态环境配置格局、悬河的危害与滩槽的协同治理、三角洲生态系统保护等重大问题，从黄河流域系统治理的新理念、新技术和新方法，为人们展示了未来幸福黄河的美好前景。作为科技专著，反映了作者丰富的研究成果，具有很好的实践指导价值；作为知识读物，集知识性和趣味性于一体，回味无穷，具有广泛的科学普及意义。

本套丛书的问世，是治黄史上一件颇有意义的大事，能够更加激发国内外学术界、地方政府对黄河问题的高度关注，增进普罗大众对黄河水问题及治黄工作的系统了解，对于推动今后治黄工作及学术研究均极其有益。

是为序。

中国工程院院士　张建云

2023 年 2 月 10 日

　　每每念及"黄河"，您会想到什么？思想家会说："黄河是中华民族的象征"；科学家会说："水少沙多、水沙关系不协调"；工程师会说："黄河游荡复杂难治"；文人骚客会引吭高歌："君不见黄河之水天上来，奔流到海不复回"；小学生会深情吟诵："白日依山尽，黄河入海流"。

　　逐水而居，安土重迁，习惯于守护大河，不愿意迁离故土，这是人类坚强不息的本性，也造就了黄河流域人类灿烂的文明。然而，黄河流域独特的地理地貌和水文泥沙特征，中华民族的先民们自古就同黄河水旱灾害作斗争，随着历朝历代社会经济的不断发展，人类活动对黄河流域自然状况的影响越来越大，水旱灾害的防御与社会经济发展之间的矛盾越来越突出。

　　1986年，我大学毕业分配到黄河水利委员会，在我的强烈要求下，被二次分配到了当时的黄河水利科学研究所，从事黄河泥沙研究工作。特别荣幸的是，我的第一份工作是与我本科所学的农田水利工程专业紧密相连的国家"七五"攻关项目，在人民胜利渠灌区开展了1年半的浑水灌溉和渠系泥沙测验。特别难忘的是，经过半年的野外观测和实地调查，1987年春节前我写了一篇小短文——关于郑州铁路桥附近河段河势变化对人民胜利渠入渠泥沙大小和级配的影响，写好后交给了项目组长张永昌高级工程师（受"文化大革命"影响，当时张工还没有评教高），就回家过年了。回来后，张工告诉我，你的文章被黄流规修编采用了！那个高兴劲儿，你可想而知。这件事对我的人生意义重大，是我不离不弃从事30多年黄河泥沙研究的力量源泉！

　　随着对黄河泥沙问题研究的不断深入，以及不断地深度参与黄河治理和黄河防汛工作，我逐步地意识到黄河的治理保护不仅仅是自然科学的问题，社会问题的交织使得复杂难治的黄河问题更加复杂。2006年，我与我的同事合作在《黄河报》发表了"治黄实践中社会问题根源分析及对策探讨"； 2011 年，我作为全国十大优秀科技工作者参加了中国科协八大会议，提交了"妥善解决黄河治理开发实践中有关社会问题的建议"的提案。这些年，我利用各种机会向社会科普黄河知识，呼吁针对流域管理进行立法，加强科普宣传，增强公众参与意识，鼓励利益相关方参与流域管理。

"黄河宁，天下平"。2019 年 9 月 18 日，习近平总书记在郑州亲自主持座谈会，充分肯定了人民治黄几十年来取得的辉煌成就，指出了新形势下黄河治理保护仍存在的一些突出困难和问题，发出了"黄河流域生态保护和高质量发展"重大国家战略的伟大号召。习近平强调，治理黄河，重在保护，要在治理；要坚持山水林田湖草综合治理、系统治理、源头治理，统筹推进各项工作，加强协同配合，推动黄河流域高质量发展。

黄河的治理保护迫切需要地方政府及社会公众的积极参与和大力支持。然而，社会公众对黄河的认知与母亲河的地位相比远远不足。流域管理者迫切希望社会公众认识黄河，地方政府和社会各界更加渴望了解黄河。党的十八大以来，国家对科学普及工作十分重视。2021 年，国务院印发了《全民科学素质行动规划纲要（2021—2035 年）》。同年，水利部、共青团中央、中国科协共同印发了《关于加强水利科普工作的指导意见》，把强化水利科普供给作为未来的重点任务之一。强调要充分发挥水利科技社团、科研人员在科普工作中的主力军作用，围绕国家水安全战略需要和社会公众需求，加强科普作品开发和创作，针对水利社会热点和公众关切问题解疑释惑。习近平总书记系统治理的先进理念，亟须对全社会进行科学普及，为黄河流域生态保护和高质量发展重大国家战略行稳致远提供重要支撑。

为此，肩负科技工作者强烈的时代责任感和高度的政治站位，我和我的同事共同谋划了《黄河水文化科普丛书·慧眼识河》。该丛书基于科技工作者的视角，秉持对科学方法、科学思想和科学精神的深刻理解，在"十四五"国家重点研发计划项目"黄河流域多目标协同水沙调控关键技术"（2021YFC3200400）和国家自然科学基金黄河水科学联合基金集成项目"黄河流域'水沙—生态—经济'系统多过程协同机制与调控"（U2243601）资助下，围绕黄河治理保护重大问题，共设置《九曲黄河万古流》《黄河生态纵横谈》《母亲河水润神州》《洪魔旱魃知多少》《悬河利害两相济》《水沙调控助安澜》《大河之治话河口》七个主题，分别从黄河纵览、生态环境保护、水资源节约集约利用、洪旱灾害防御、游荡性河道整治、水沙调控、黄河口系统治理等方面全面科普黄河知识。针对政府及管理部门、社会公众、专业人士等不同受众，强化黄河流域系统与黄河知识体系的完整性，突出科普知识面上纵览与点上透彻的融合，阐释黄河治理保护与区域社会经济发展的协同效应，提升公众对黄河流域生态保护和高质量发展重大国家战略的认知度。

小浪底水库修建后，黄河研究达到了空前的热度，期间有很多国外考察报告，不同的人从不同层面、不同侧面介绍发达国家不同河流的治理经验，河流治理是一项极其复杂的系统工程，借鉴先进的技术与经验诚然重要，但窥一斑难以见全豹。2009 年，我有幸翻译了《荷兰境内的莱茵河：一条被控制的河流》。这本书图文并茂，除正文外，通过插叙给有兴趣的人科普了机理层面的科学知识，在浩瀚科技书籍宝典中可谓"雅俗共赏"，我把它定位是一本特别系统、特别优秀的莱茵河治理科普书。

我一直有两个梦想：一是要寻找一本类似《荷兰境内的莱茵河：一条被控制的河流》，深入浅出、系统介绍密西西比河治理的书，翻译过来供大家参阅，托了很多朋友，一直未收集到合适的书；二是写一本黄河知识的科普书，这个梦想今天在大家的共同努力下，终于实现了。本套丛书文字与图片两条主线贯穿始终，使丛书以科学性为基础更具可读性与趣味性，打造一套公众喜闻乐见的黄河水文化科普丛书，为社会公众提供一个了解黄河、认知黄河、感受黄河的窗口。

《黄河水文化科普丛书·慧眼识河》的编撰，是落实习近平总书记关于"科技创新、科学普及是实现创新发展的两翼"重要论述的积极实践，是践行黄河流域生态保护和高质量发展重大国家战略的自觉行动，对推动新阶段水利高质量发展以及强化流域治理管理工作具有重要意义。该丛书的出版，不仅凝聚着黄河科研工作者的智慧、心血和汗水，也标志着黄河知识科普迈向了系统化、体系化的新高度。在丛书即将付梓之际，我为从事这套丛书编写的各位同仁能有如此高的见地、勇担时代重任的胆识感到由衷的高兴！衷心感谢矫勇、胡四一、岳中明、高安泽、汪洪、王浩、王光谦、张建云、胡春宏、倪晋仁、唐洪武、李文学、侯全亮、汤鑫华、贾金生等各位顾问对丛书不遗余力的帮助！感谢各发起单位给予我们的信心！感谢兄台侯全亮与我默契的配合，给我暖心的鼓励和鼎力相助！感谢兄台董保华为丛书提供了那么多精美的图片！

大恩不言谢，让我们共同为母亲河贡献绵薄之力！

江恩慧

2023 年 1 月于郑州

前　言

　　黄河孕育了伟大的中华民族，其桀骜不驯、奔腾咆哮、一泻千里、曲折蜿蜒、万里黄沙等鲜明的个性早已成为中华民族的集体记忆。古往今来，无数古圣先贤、英雄豪杰都曾在黄河岸边驻足、徘徊、思索，在"逝者如斯夫"的感慨后重振旗鼓、整装待发，去开辟一个新的时代。也因此，黄河成为人们精神的依托和安抚之地。从板块的运动到湖盆的孕育再到河流水系的形成，黄河诞生经历了漫长的孕育演变，为生命的奇迹凝聚力量，使贯通后的黄河成为得天独厚的栖息之地。先祖们便在此安身立命、薪火相传，创造了伟大的华夏文明并延续数千年，两岸丰厚富集的历史人文载体诉说着大河岸边光辉灿烂的历史。星星点点的遗产遗存、象征智慧结晶的古代水利工程，是黄河流域先民们的文明印迹。历朝历代的史书典籍中，黄河总是庄重地占据一席之地。或静或动、或喜或忧、或歌或泣，人们对于黄河的认知以一种"浓妆淡抹总相宜"的描述留存千古，后人则在前人的观察和思考中，融合所处时代的特色，再次建立自己对黄河的认知。

　　关于黄河的书籍汗牛充栋、纷繁复杂，不同的研究者从不同侧面对黄河进行解读，面向研究者的专业著作、面向社会大众的通俗读物、面向青少年的浅显科普作品等，琳琅满目。然而，对于黄河，仅仅了解她在特定时期的形象、某个回眸的侧面或者漫长岁月中的几个篇章是远远不够的，也无法支撑起母亲河的伟岸形象。随着黄河流域生态保护和高质量发展重大国家战略的提出，黄河受到了前所未有的关注，各行各业、社会公众以及决策部门都更加渴望深入了解黄河、认识黄河。黄河的治理保护历程、历代治河方略的演变、科学的治理措施以及未来幸福河建设等，亟须对全社会进行普及。黄河自诞生至今，悠悠岁月，踵事增华，点点滴滴的黄河故事犹如落天珍珠，需用富有逻辑的思想将其梳理串联，安放在时代的玉盘，向人们展示完整的黄河脉络。鉴于此，《黄河水文化科普丛书·慧眼识河》应时而作、应运而生。

该丛书基于"黄河科学家谈黄河"这一理念，围绕黄河孕育演变和保护治理的历史脉络，设置黄河纵览、水沙调控、防洪安全、水资源利用、生态环境、河道治理、河口演变七个主题，空间尺度上覆盖整个黄河流域，时间尺度上跨越亿万年，认知尺度上涵盖黄河的各个侧面，形成了立体式的黄河知识科普体系。面向政府及管理部门、社会公众、专业人士等不同受众，强化黄河流域系统与黄河知识体系的完整性，突出科普知识面上纵览与点上挖掘的融合，阐释黄河保护治理与区域社会经济发展的协同效应，提升公众对黄河流域生态保护和高质量发展重大国家战略的认知度。通过打造一套公众喜闻乐见的黄河水文化科普丛书，为社会公众提供一个了解黄河、认知黄河、感受黄河的窗口。

　　本书取名《九曲黄河万古流》，以历史为轴线介绍黄河的诞生、文明的孕育、忧患的历史、治河方略的演变以及利害的转化，将黄河的前世今生浓缩在百余页书稿中，从宏观、全局的角度纵览黄河。"九曲"指黄河的形态特征，曲折蜿蜒的自然形态也表征了跌宕起伏的人文历史。"万古流"则恰如其分地概括了黄河的前世今生，回眸历史，黄河流传万古，川流不息；翘望未来，大河生生不息，千秋万代。本书图文并茂、通俗准确，以科学性为基础，更具可读性与趣味性，满足不同受众的阅读需求。

　　编写过程中，江恩慧主编从谋篇布局、内容编排、语言修辞等方面都给予直接指导，并对全书做了统稿定稿工作；同时，本书得到了黄河水利委员会侯全亮、卢丽丽、董保华、邓红、许立新，黄河水利科学研究院千析、曹永涛、景永才、贾佳、韩冰、陈融旭、梁帅、郭静，科学出版社杨帅英、中国少年儿童新闻出版总社李晓平等专业人士的大力支持，在此一并表示感谢。书中参考的文献与资料，已在相应位置进行了标注，疏漏之处，还请及时联系作者进行更正。

　　限于作者水平，书中难免存在不足之处，恳请广大读者批评指正。

编　者

2022 年 7 月

目　录

黄河落天走东海

中华民族之摇篮

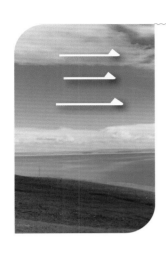

千年忧患话沧桑

治河博弈贯古今

黄河旧貌换新颜

幸福黄河不是梦

中国主要河流、湖泊分布图

　　我国河流水系包括长江、黄河、珠江、松花江、淮河、海河、辽河七大流域以及浙闽片河流、西北诸河、西南诸河等水系。这些水系错综分布，世世代代滋养着两岸的芸芸众生。

　　黄河在各大水系中处于中间位置，中华民族从这里走出，中华文化在这里孕育，中华文明从这里向周围辐射。这是一条历史之河、文化之河、生命之河、生态之河。大河与大国命运交织，融合流淌于五千年的血脉之中。

正像人类生命的诞生都要经历十月怀胎、一朝分娩的孕育过程一样，黄河的形成也经历了漫长、剧烈、动荡的孕育过程，是青藏高原隆升、黄土高原和华北平原演变等自然因素综合作用的结果。几十亿年的板块运动、几百万年的构造演变、几十万年的水系贯通、几千年的游荡摆动，演绎了横跨三级台阶、绵延万里的泱泱大河[1]。

第一节 剧烈动荡的孕育过程

一、惊天巨变

黄河伴随着自西向东三级阶梯形成的剧烈动荡而孕育演变。大约 17 亿年前，黄河的温床华北陆块率先在浩瀚的海洋中隆出水面[2]，形成中国范围内最早的，也是面积最大的一块古陆地。此后，在距今 2.8 亿~2.3 亿年的古生代二叠纪，华北陆块历经两次下沉，并再度抬升浮出水面，最终站稳了脚跟。在几经沉浮和抗争过程中，大量生物遗体的堆积，形成后来丰富的煤炭、石油和天然气资源。也就是从那时起，黄河有了祖籍。

在距今 5 亿~4.4 亿年前的古生代奥陶纪，黄河的另一温床塔里木陆块历经沧桑，也初见天日，它与柴达木陆块并称为西域陆块[3]。在后来剧烈的地壳运动中，华北陆块断裂，留下共和湖、银川湖、汾渭湖、华北湖等古湖泊盆地，西域陆块在晚古生代末期的海西运动中，隆升成为巴颜喀拉山、秦岭、阴山、天山、昆仑山、祁连山等崇山峻岭，中国所在的地域也由此进入海洋向陆地转化的重大变革时期。地势起伏、山盆相间的景观陆续出现，为中生代生物大飞跃提供了生存条件[4]。

"燕山运动"和"喜马拉雅运动"为黄河的形成与发育创造了胚胎。

在距今 1 亿~6000 万年前的中生代侏罗纪至白垩纪时期，发生了轰轰烈烈的"燕山运动"，许多地区的地壳受到挤压后褶皱隆起，形成了绵亘的山脉，奠定了中国大陆的基本轮廓。"燕山运动"后，中国西部的祁连山、巴颜喀拉山、柴达木盆地、兰州盆地等主要山脉和盆地已基本形成，中部地区的阴山、秦岭已经突起，华北地区也形成了华北拗陷盆地[5]，具有了东低西高的雏形。

进入距今 6000 万年的新生代，又一场剧烈的"喜马拉雅运动"发生了，在欧洲被称为"阿尔卑斯运动"。这是一场剧烈的造山运动，地球上形成了一系列横贯东西的褶皱山脉，如北非的阿特拉斯、欧洲的阿尔卑斯以及亚洲的喜马拉雅等山脉。这场造山运动波及整个中国，发生了大面积、强烈的抬升与垂直差异运动，促使一些地块抬升成为山脉，一些地块下沉成为盆地。在"喜马拉雅运动"中，川、滇、青藏地区不断抬升，形成高原雏形，天山、祁连山、昆仑山发生断块挤压上升[5]，塑造出了中国自西向东三大阶梯的地貌格局[6]。

—— 黄河是一条古老而年轻的河流 ——

从人类进化历程和人文历史角度看，黄河是一条古老的河流；但从地质角度看，黄河又是一条年轻的河流。根据地质年代的划分（图1-1），从地球形成至今，按照从大到小的顺序可用宙、代、纪、世、期、时等时间单位划分为不同的时期。地质年代从古至今依次为隐生宙和显生宙，其中隐生宙又分为冥古宙、太古宙、元古宙，显生宙又分为古生代、中生代、新生代。显生宙中的新生代包括古近纪、新近纪和第四纪，其中古近纪包括古新世、始新世和渐新世，新近纪包括中新世和上新世，第四纪包括更新世和全新世[7]。黄河形成于新生代第四纪的早更新世[8]。

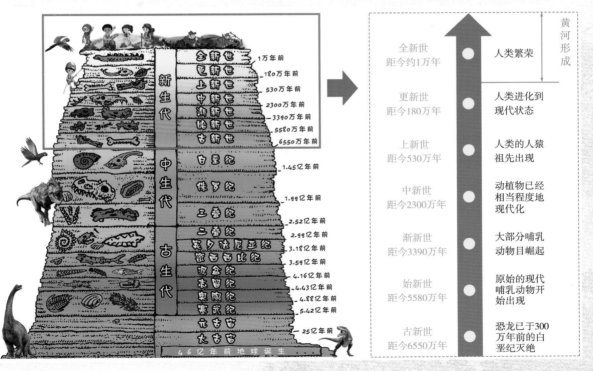

图1-1 地质年代划分及人类进化历程

二、高原湖盆

在距今 340 万 ~15 万年，相继发生了青藏运动、昆黄运动和共和运动，这一时期青藏地区间歇性上升，逐渐形成了今天的青藏高原，中国版图三级阶梯宏观格局基本形成。

其中，在距今 150 万 ~115 万年的第三纪和第四纪早更新世，各级阶梯均发育有众多盆地与湖泊（图 1-2）。第一阶梯主要有青海湖盆地、兴海盆地、民和盆地等，后来又发育了古扎陵湖、古鄂陵湖和古若尔盖湖盆。第二阶梯分布着银川盆地、河套盆地、汾渭盆地等。第三阶梯是华北陆缘拗陷区形成的华北大平原，其中也分布着大大小小的洼地与盆地[5]，如伊川盆地等。同一阶梯上各湖盆周边都发育着一系列辐射状水系，形成各自独立的内陆水系。在距今 115 万 ~10 万年的中更新世时期，随着差异性的地质构造运动，湖盆之间的隆起带上升剧烈，引发河流急剧下切，区域性的水文网络开始出现。

如此，从青藏高原到山东丘陵，逐渐形成了各有源头、互不连接的水系。古黄河就在这些独立水系的基础上演变而成。

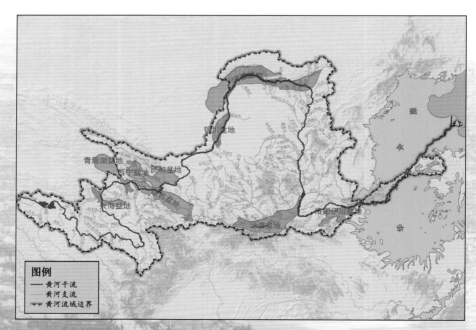

图 1-2　中国北方古湖盆分布示意图

三、串珠成线

黄河干流的贯通，是在青藏高原不断隆升、黄土高原与鄂尔多斯高原掀斜抬升和华北陆缘盆地继续沉降三者共同作用下完成的。

黄河干流最早贯通的河段是临夏、兰州至河套、晋陕区间。从河流阶地的年龄推断，临夏至河套河段贯通于 160 万年前，晋陕峡谷河段贯通于 140 万年前。但是该时期，黄河水系仍然是内陆封闭向心水系，潼关以东的水系向西流入三门古湖[9]。

同时，黄河上游的贯通也在加速进行。青藏高原的迅速隆升，使黄河上游干流河道以溯源侵蚀和袭夺的方式不断切穿峡谷上溯，经历了 100 余万年的时间。距今 120 万年的昆黄运动，使黄河干流刘家峡首先被切穿，紧接着，积石峡、李家峡、龙羊峡、野狐峡相继被切穿[5]。距今 3 万多年，玛曲—若尔盖—达日河段形成；距今 2 万多年，黄河干流穿过达日河段北上，同时多石峡也被切穿，实现了黄河上游干流与黄河源区的贯通。至此，黄河上游干流全部连通，历时约 120 万年。

在 15 万年前，黄河三门峡谷的贯通是黄河形成过程中的重大事件[10]，使黄河从内陆河演变成为一条独立入海的河流。三门峡古湖盆位于第二阶梯向第三阶梯过渡的边缘，湖盆的贯通使流经黄土高原、渭河地堑的河流汇集三门峡并东流入海，是现代意义上黄河形成的重要标志[11]。

黄河切穿三门峡东流入海，侵蚀基准面骤降 40~60m[12]，导致三门峡以上区域特别是黄土高原地区侵蚀作用显著加强，大量泥沙搬运出峡谷，逐渐在浅海地区沉积并逐步扩展推移，淤平了湖泊沼泽，历经沧海桑田，成为黄河下游的雏形。

四、水系形成

距今 10 万 ~1 万年间的晚更新世，是黄河流域内古水文网发育的转折时期，大部分古湖盆淤积消亡，少数存留的古湖泊如扎陵古湖、鄂陵古湖、若尔盖古湖、临河古湖及天津古湖等，水域面积也大幅度缩小。

在距今 10000~3000 年的全新世时期，是古黄河水系的大发展时期，流域内沟系发育迅猛，水系雏形基本形成。该时期黄土高原地区因水系发育出现了"千沟万壑"的雏形，土壤侵蚀也逐渐加剧，河流泥沙大幅度增加。在此期间，古渤海曾两次西侵，尤以中全新

世入侵的范围为最大，西部边界大体达今京杭大运河附近，并在此地带留下古贝壳堤的遗迹。由于泥沙增加和海平面升高，河水排泄受阻，因而造成远古洪荒时代，产生了家喻户晓的"大禹治水"传说[13]。

受复杂的地质构造、基岩性质与地表形态的影响，黄河水系的平面结构呈现出多种不同的形式，主要有树枝状、格子状、羽毛状、散流状、扇状和辐射状。树枝状水系的特点是各级支流都以锐角形态汇入下一级支流或干流，形如乔木树枝。树枝状水系遍布于流域上中游地区，是流域内水系的主要形态。格子状水系干支流纵横交错，呈大块网格形，主要分布于流域上中游的山区，支流多深切于两侧山岭，急流直泻于峡谷中，以近于垂直的方向汇入主流。羽毛状水系的特征是两岸支流短小、密集，呈对称平行排列，状如羽毛，主要分布于湟水和洛河干流以及黄河干流潼关至三门峡区间。散流状水系的河流无固定形态，零星分散且流程较短，或散流于高台地上，或消失于沙漠之中，或汇集至海子，多分布于流域上游皋兰、景泰、靖远一带的高台地区和鄂尔多斯沙漠地区。扇状水系主要是向心扇状，往往是多条河流同时向一点汇集，如折扇展开，在黄河上中游均有分布。辐射状水系是以某一高地为中心向四周流去，呈辐射状，这类中心多分布在流域中心线部位，如青海省黄南藏族自治州的夏德日山，周围有泽曲、巴沟、茫拉河、隆务河、大夏河、洮河等；甘肃省定西市的华家岭，周围有祖厉河支流及渭河上游的散渡河、葫芦河等。

第二节　复杂多样的地形地貌

黄河之宏阔在于她串联起了广袤的空间。上游的清澈蜿蜒与高山峡谷，中游的苍茫雄浑与大气磅礴，下游的大河奔流与游荡摆动，河口的奔腾入海与黄蓝交汇，构成了黄河复杂多样的地形地貌和色彩斑斓的鲜明底色（图1-3）。

一、四大地貌与三大阶梯

黄河穿越青藏高原、内蒙古高原、黄土高原和华北平原四大地貌单元，地势西高东低，横跨三级阶梯（图1-4）。

黄河流经的第一级阶梯是海拔3000m以上的青藏高原，其南部的巴颜喀拉山脉是黄

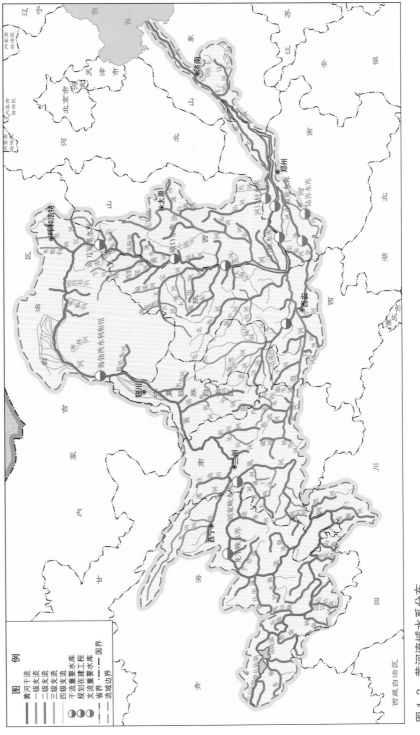

图 1-3　黄河流域水系分布

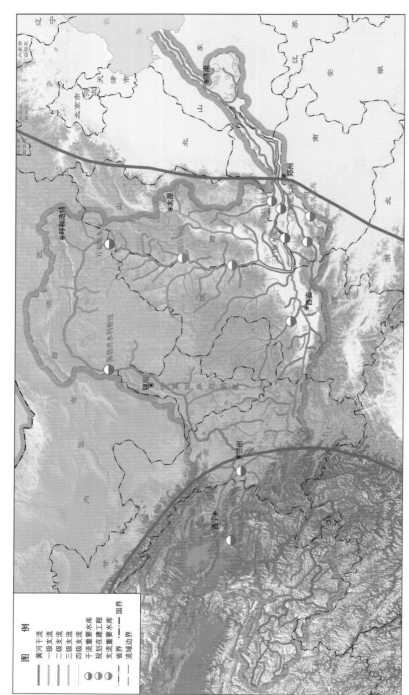

图 1-4　黄河流经我国三级阶梯

河与长江的分水岭,横亘北缘的祁连山是青藏高原与内蒙古高原的分界。东缘北起祁连山东端,南经临夏、临潭沿洮河至岷山。主峰阿尼玛卿山高达6282m,是黄河流域最高点。呈西北—东南方向分布的积石山与岷山相抵,黄河绕流而行,形成第一个S形大弯,素称黄河第一曲。被称为姊妹河的白河、黑河以及湟水等重要支流均位于第一阶梯。

黄河流经的第二级阶梯大致以太行山为东界,海拔1000~2000m,包括河套平原、鄂尔多斯高原、黄土高原和汾渭盆地等地貌单元。许多复杂的气象、水文、泥沙现象多发生在这一地带。河套平原和鄂尔多斯高原在地理学上是内蒙古高原的一部分,从水土流失的角度划分,又归为广义的黄土高原地区。窟野河、无定河等支流流经第二阶梯的黄土高原地区,含沙量较高,常发生高含沙洪水,成为黄河泥沙的重要来源。壶口瀑布、蛇曲公园等黄河上的著名地标,均位于该区域。

黄河流经的第三级阶梯从太行山脉以东至渤海,由黄河下游冲积平原和鲁中南山地丘陵组成。冲积扇的顶部位于沁河口一带,海拔100m左右。鲁中南山地丘陵由泰山、鲁山和蒙山组成,一般海拔在200~500m之间,丘陵浑圆,河谷宽广,少数山地海拔1000m以上。除大汶河外,黄河下游没有较大支流。大量来自中游黄土高原地区的泥沙在下游淤积,导致黄河游荡摆动,并促使了"地上悬河"的形成。如今,黄河下游近800km的河道,两岸修建了标准化堤防,成为黄河下游岁岁安澜的重要保障。

二、细水潺潺的大河之源

问渠那得清如许,为有源头活水来。黄河的奔腾不息源于青藏高原上的黄河源区。

黄河源区是黄河唐乃亥水文站以上的区域,面积12.2万km²,约占黄河流域总面积的15%,多年平均产水量204亿m³,超过黄河总径流量的1/3[14],是黄河的重要产水区(图1-5)。

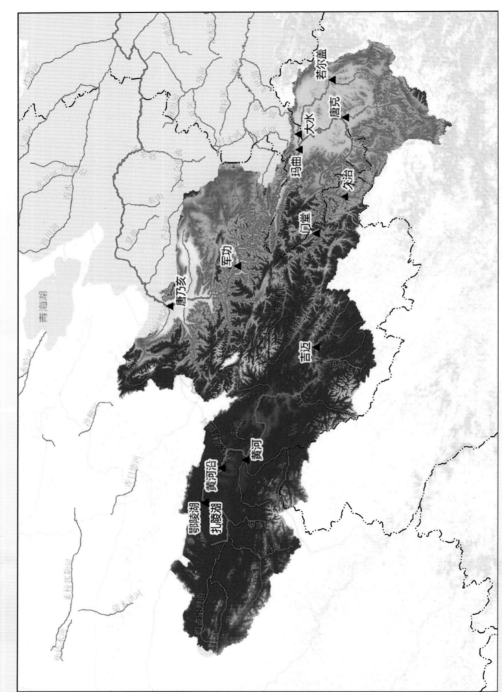

图 1-5 黄河源区及主要水文站点

黄河发源于青藏高原的约古宗列盆地，约古宗列盆地海拔 4500m 左右，盆地内散布着众多的水泊，水泊间为水草丰美的沼泽草甸，是当地牧民的冬季牧场。每当春回大地，盆地里碧草如茵，百花吐艳，景色绚丽，所以，藏族同胞亲切地称这个盆地叫约古宗列，意即"炒青稞的浅锅"。

约古宗列盆地内有一个脸盆大小的泉眼，在蓝天白云之下源源不断地冒出潺潺细流，这就是无数人梦牵魂绕的黄河正源（图 1-6），黄河正是从这里开始了她的万里行程。泉

图 1-6　潺潺溪流出泉眼

33

眼中流出的一股泉水穿行在约古宗列盆地，串联了大小水泊，向东北蜿蜒而行，这条河流称为约古宗列曲。

约古宗列曲穿过源区第一个峡谷——茫尕峡之后就是一片湿地密布的区域，称为星宿海。星宿海实际并不是海，而是一片东西长 20 多 km、南北宽 10 多 km 的草滩和沼泽。滩面海拔 4350m 左右，滩内有大小各异的湿地，大的数千平方米，小的只有几平方米，

图 1-7　水鸟翩翩起舞的扎陵湖

图 1-8　天水一色的鄂陵湖

水深一般在 1m 左右，四周生长茂密的杂草，夏秋百花盛开，藏语称它为"错岔"，意思是"花海子"。湿地在阳光照耀下，灿若群星，星宿海即由此而得名。

出星宿海后，先后汇集扎曲、卡日曲、多曲、勒那曲等众多支流，流经扎陵湖和鄂陵湖。扎陵湖（图1-7）和鄂陵湖（图1-8）是黄

图1-9　鄂陵湖的雨后彩虹

河源区的姊妹湖，两个湖泊海拔在 4260m 以上，蓄水量分别为 47 亿 m³ 和 108 亿 m³，是中国最大的高原淡水湖。在高原上近距离接触姊妹湖，蓝天、白云、绿水、碧草，多种色彩混为一体映入眼帘，成为一道绝美的风景。高原上的雨说下就下，但半晌工夫雨就停了，雨停后，湖面上会升起一道绚丽的彩虹，当地人觉得这是来自上天的祝福（图 1-9）。

高原上的河流多为弯曲河流（图 1-10），因为受人类干扰较少，河流在自然状态下蜿蜒流淌，河流与湿地复杂交织（图 1-11），从空中鸟瞰，就像一幅多彩绚丽的画卷。

冰川也是黄河源区一种独特的景观类型。黄河源区的冰川面积不大，为 100 多 km²，

图 1-10　黄河源区弯曲河流

图 1-11　河流与湿地复杂交织的高原地貌

主要集中分布在阿尼玛卿山附近（图 1-12）。受气候变化的影响，黄河源区的冰川也一直在消退，雪线不断上升（图 1-13），成为国内外冰川与气候研究者们关注的对象。

图 1-12　阿尼玛卿山的冰川

图 1-13　消退的冰川

　　黄河源区的弯曲河流在河谷里经历了无数次的裁弯取直，发育了大大小小的牛轭湖（图 1-14），成为黄河源区独特的栖息地形态。这些牛轭湖为维持河流水生态系统的稳定发挥着巨大作用。

▌什么是牛轭湖?

　　牛轭湖是弯曲河流裁弯后形成的一种地貌形态。当弯曲河流发生裁弯后，原河道的进出口逐渐淤积，形成封闭的浅水湖泊，形状恰似牛轭，称为牛轭湖[15]（图 1-14）。牛轭湖形成后，除洪水期外的大部分时间与河道无地表水联系，仅在洪水期与河道发生物质和能量交换。牛轭湖地处水陆过渡带，蓄积了来自水陆两相的营养物质，具有较高的初级生产力[16]。在河流系统演变过程中，已发育的牛轭湖不断演变，逐渐由湿生生态系统转向陆生生态系统并最终消亡，同时，又有新的牛轭湖孕育产生，河流系统处于动态平衡过程。

图1-14　黄河源区弯曲河流周围发育的牛轭湖

三、束放相间的上游峡谷

黄河上游流经青藏高原与黄土高原交接地带，地质条件复杂，形成了一系列陡峭的山脉。黄河流经这些山谷或沿着较大断裂发育，河谷忽宽忽窄，出现川谷相间的地貌形态。沿河川地周围高山环绕，构成一个个小盆地，气候较山地温暖，土地肥沃，引黄河水灌溉方便，生产条件较好，大都是当地工农业生产基地，很多县城如达日、贵德、尖扎、循化、靖远都设在川地中，西北名城兰州市也是位于皋兰川上。

川地峡谷河段长短不一，险峻不同，短的仅数公里，长的超过200km。峡谷两岸通常是陡峭的山崖，高出河面百余米至六七百米，河面宽仅30~50m。最长的峡谷是拉加峡，位于青海、甘肃交界的玛曲、玛沁、同德县境内，由许多连续的峡谷组成，全长216km，上下口落差588m，蕴藏的水力资源十分丰富。最窄的野狐峡，长33km，左岸为40~50m高的石梁，右岸为峭壁，高达100m，两岸间距很小，河宽仅10余m，从峡谷底部仰视，仅见青天一线。

在黄河孕育形成的过程中，黄河切穿积石山，形成迂回曲折长达25km的积石峡（图1-15）。历代封建王朝曾在峡口筑积石并屯兵驻守，是明、清两代甘肃省河州卫所辖二十四关中的第一关，号称"积石锁钥"。明朝御史李玑游历此处后赋诗赞叹："地险天成第一关，嶷然积石出群山。"

图1-15 黄河上游积石峡大峡谷（董保华 摄）

比降最陡的峡谷是龙羊峡（图 1–16），位于青海省共和、贵德县境内，峡长 38km，落差235m，纵比降6.1‰。黄河上游第一座大型水利枢纽、著名的龙羊峡水电站即修建于此，为当地社会经济发展、水资源管理以及旅游观光事业作出了巨大贡献。

图 1–16　黄河上游龙羊峡大峡谷（董保华　摄）

黄河在流经宁、蒙、甘三省（自治区）交界处的下河沿地区后，开始由南向北，至三盛公逐渐折向东流，到河口镇则又转向南流，构成为著名的"黄河河套"。宁夏青铜峡灌区、内蒙古三盛公灌区位于河套地区，形成了荒漠中的两大绿洲，既是重要的生态屏障，也是重要的农业基地，为当地及我国的粮食安全作出了巨大贡献。

四、千沟万壑的黄土高原

黄土高原（图 1–17）是世界上黄土覆盖面积最大的高原，黄土堆积厚度从数十米到400 多 m[5]。黄河自上中游分界处——内蒙古托克托县河口镇（现河口村）急转南下，

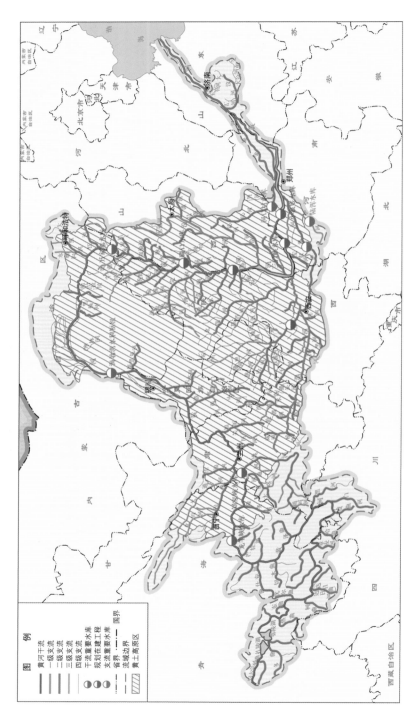

图 1-17 黄土高原分布区

在黄土高原地区肆意穿行，将黄土高原分割得支离破碎，成为黄河泥沙的主要来源区。

晋陕大峡谷两岸是广阔的黄土高原，土质疏松，水土流失严重，黄河的大部分泥沙均来源于此。支流水系发达，流域面积大于100km²的支流有56条。该河段流域面积11万km²，占全河流域面积的14%，区间支流平均每年向干流输送泥沙9亿t，占全河年输沙量的56%，是黄河流域泥沙来源最多的地区[17]。

图1-18　千沟万壑的黄土高原（董保华　摄）

在风力侵蚀和水力侵蚀经年累月的共同作用下，黄土高原被刻画出千沟万壑的地貌景

—— 风成说与水成说 ——

关于黄土高原的形成，主流观点有"风成说"和"水成说"。"风成说"认为，在风力作用下，蒙古、中亚和中国西北一带的沙尘被输送到如今黄土高原所在的地区，经过二三百万年的搬运堆积，最终形成了黄土高原[18-19]。其中，"风成说"具有代表性的人物有刘东生、任美锷等，代表著作有《中国的黄土》《黄河中游黄土》等。"水成说"认为，远古时期大面积洪水泛滥，裹挟了巨量泥沙沉积，经过水和风的共同作用后，逐渐形成了如今蔚为壮观的黄土地貌。1956年3月，张伯声撰写了《从黄土线说明黄河河道的发育》一文，开始明确提出"水成说"。改革开放以后，张天增在他的著作《黄土高原论纲》中，也系统总结并阐述了"水成说"的观点。

现代地质学家以大量的事实为基础，分析了黄土物质的基本特点后，认为"风成说"较为合理[20]。研究表明，黄土高原地区的黄土粒径由北向南总体表现为减小[21]，符合"风成说"的理论。当西北风将黄土带向东南时，较粗颗粒首先在北部沉积下来，而较细颗粒则被带到更远的南部地区沉积，因此，北部黄土较为松散，而南部黄土较密实，黄土由北向南逐渐变细[22]。

观（图1-18），形成了塬—墚—峁—沟的独特地貌。

五、千岩竞秀的文旅地标

黄河中游地区河床多为岩石，在含沙水流的侵蚀与打磨之下，塑造出了千姿百态的河道形态，成为著名的黄河地标，如蛇曲国家地质公园、乾坤湾、壶口瀑布、黄河龙门古渡等（图1-19），每年都吸引无数游客前往打卡。

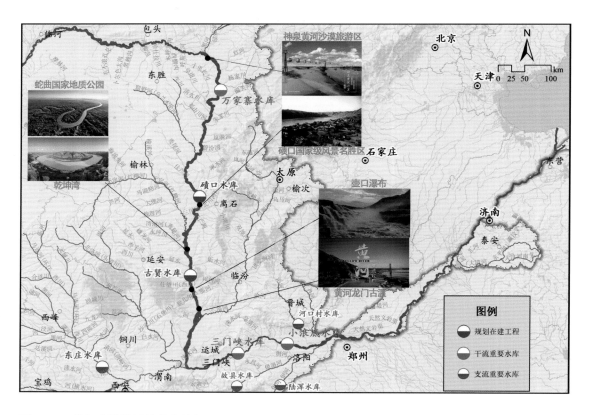

图1-19　黄河中游地区的著名地标

1. 壶口瀑布

黄河中游河段拥有著名的壶口瀑布，也是黄河干流唯一的瀑布。壶口瀑布左岸位于山

图 1-20　波涛汹涌的壶口瀑布（董保华　摄）

西吉县，右岸位于陕西宜川县。在壶口瀑布处，黄河由 250~300m 宽的水面骤然束窄到 30~50m 宽的石槽里，从近 20m 高处垂直跌下，洪流奔腾澎湃，像一把巨壶在向河道注水一般，"万里黄河一壶收"，故有"壶口"之名（图 1-20），景色极为壮观。冬日温度骤降，流水成冰，壶口瀑布又从波涛汹涌变为石壁冰挂，傲然矗立于凛冽寒风中（图 1-21）。

　　著名的歌曲《黄河大合唱》在实景表演时，就以壶口瀑布作为背景，通过歌、舞、诗

图 1-21　冬季结冰的壶口瀑布（董保华　摄）

等表演形式及场景造型艺术，在精彩纷呈的艺术呈现中，展现了抗日战争时期中华民族抵御外侮的历史画面，表现出了中华民族不屈不挠的斗争精神，以及黄河儿女千百年来生生不息、勤奋耕耘、保卫家园、奋力抗争的波澜壮阔画面。

　　我国许多著名的地标如珠穆朗玛峰、长江三峡、桂林山水、万里长城等，都曾被用作人民币的图案，壶口瀑布也位列其中，我国发行的第四套人民币 50 元背面的图案就是著名的壶口瀑布。此外，国家邮政局于 2002 年发行了一套《黄河壶口瀑布》特种邮票（图 1-22），充分体现了壶口瀑布在人们心中的重要地位。

图 1-22　壶口瀑布纪念邮票
（发行日期 2002-11-08）

从地质上说，壶口瀑布是由于地壳运动发生断裂而形成的。在河水经年累月的作用下，壶口瀑布所在区域的河床不断下切，在溯源侵蚀的作用下，瀑布跌坎由龙门附近不断向上游演进。

2. 鲤鱼跃龙门

晋陕峡谷的末端是龙门。这里形势险要，两岸断崖绝壁，犹如刀劈斧削。左岸的龙门山与右岸的梁山隔河对峙，使河宽缩至100m左右（图1-23）。滚滚河水夺门冲出，浊浪携沙，气势磅礴，诗人李白以"黄河西来决昆仑，咆哮万里触龙门"来形容此般场景。

龙门，相传是大禹所凿，《水经注》载"龙门山大禹所凿，通孟津河"。所以，龙门又称禹门口。禹门口下游有一座石岛横卧河中，名曰"水面石舟"，上刻有"龙门"二字，字大如斗，遒劲有力。水面石舟左边为黄河流路，右边为黄河大水时分流处，宽约50m，名曰骆驼巷，是黄河的一道风景。

"鲤鱼跃龙门"是大家耳熟能详的传说。传说只要鲤鱼能够跳过龙门，就会变成真龙，凡是跳不过去的，就会从空中摔下来，额头上就落一个黑疤。唐代诗人李白曾赋诗一首："黄河三尺鲤，本在孟津居。点额不成龙，归来伴凡鱼。"以黄河之鲤作喻，含蓄地表达了怀才不遇的郁闷之情。实际上，鱼跃龙门并非为了成龙，而是鲤鱼的一种习性，当鲤鱼将要产卵时，或者水体环境发生变化时，就会出现鲤鱼跳出水面的现象。不仅鲤鱼，很多种类的鱼也都有从水中"一跃而出"的习性。

图1-23 水文站的工作人员在堪为天险的龙门峡谷断面进行测量工作（龙虎 摄）

47

3. 豫西大峡谷

  黄河中游的最后一道峡谷是豫西大峡谷（图1-24），位于豫、陕、晋三省结合部的三门峡市卢氏县境内，处于黄土高原边缘地带。豫西大峡谷呈东西走向，似一条由西向东延展的飘带，总长度30余km，宽度30~50m，深度50~200m，两侧山峰海拔600~1300m。狭长而深邃的峡谷河流滩多水急，由大大小小99级瀑布及300多个潭池组成。峡谷内几处悬崖绝壁势如刀削，植被丰茂，峰峰相连，河道蜿蜒曲折，形成了"十步一瀑，五步一潭"的神奇景观。

图1-24 豫西大峡谷——河南渑池段（董保华 摄）

六、填海造陆与华北平原

黄河自中游晋陕大峡谷奔腾而下，进入下游后失去了峡谷的束缚，河道陡然变宽，流速减慢，黄河携带的巨量泥沙便沉积下来，在河南孟津以下形成了巨大的冲积扇。黄河带来的泥沙在淮河、海河共同作用下，形成了华北大平原。

华北平原的形成离不开黄河游荡摆动的下游河道。多泥沙的特征导致黄河下游河道极易发生淤积，淤积到一定程度后，原来的河道就失去了水沙通道的功能，河流就会发生摆动、游荡。几千年下来，黄河不断发生游荡摆动，时而向北夺取海河河道，时而向南夺取淮河河道，水携沙走，沙随水淤，最终形成了黄淮海大平原的千里沃野。同时，大量的泥沙淤积也导致黄河河道范围内地形高程不断增加，高于两岸的地面，成就了举世闻名的"地上悬河"，成为悬在华北平原上的一把"达摩克利斯之剑"。

华北平原与渤海湾属于同一片地质结构，称为"渤海—华北盆地"。由于地质运动，渤海—华北盆地不断下沉。即便如此，黄河携带的巨量泥沙仍然慢慢地将这里填满，多数地方的沉积厚达七八百米，最厚的开封、商丘、徐州一带达 5000m。华北平原上广泛分布着许多古河道，是全新世以来黄河流路变迁的地质地貌记录[5]。百年来，黄河在这里填海造

图 1-25　黄河三角洲入海流路及海岸线演变示意图

陆约 2300km²，直至今日，黄河的造陆运动仍未停止。

　　黄河入海口位于渤海湾与莱州湾之间，黄河挟带大量泥沙淤积于此，填海造陆，形成了辽阔的河口三角洲。三角洲地区沉积物的特征表明，自早全新世早期至现在，黄河三角洲一直处于演变和延伸状态，1855 年，黄河在铜瓦厢改道重归渤海，形成了现代三角洲，持续向大海推进了超过 50km[23]（图 1-25）。现代黄河三角洲一般指以宁海为顶点，北起套尔河口、南至支脉沟口的扇形地区，大致包括 1855 年铜瓦厢改道以来，入海流路摆动范围和塑造的冲积平原。在这里，万里黄河奔腾入海。

　　受黄河泥沙影响，黄河入海口不断淤积、延伸、摆动，三角洲面积也不断演变。20 世纪 80 年代以来，随着黄河输沙量的变化，黄河三角洲地区面积发生波动，但总体上以淤积造陆为主，年平均净造陆面积 25~30km²。

 **委蛇蜿蜒的河道形态**

　　"你晓得天下的黄河几十几道弯……" 黄河蜿蜒曲折，委蛇迂回，走高山，穿峡谷，被称为九曲十八弯。那么，黄河为什么会有这么多弯，到底有多少弯呢？

一、大个子的小卧室

　　黄河全长 5464km，世界排名第六，和世界上其他河流相比，黄河的"个头"不算小。但黄河的流域面积仅 79.5 万 km²，在世界排名第 20 位（图 1-26）。世界上排名第二的亚马孙河长度仅比黄河多了不到 1000km[24]，但流域面积 691 万km²，约是黄河的 8.7 倍，相比之下，黄河的"居住空间"就太小了。考虑河流长度和流域面积，黄河就像是"大个头"住进了"小卧室"。

　　在如此"狭小"的空间里安置黄河庞大的身躯，自然而然地就产生了不计其数的弯弯曲曲。而这些弯弯曲曲，则是通过黄河流域无数的高山峡谷等地形特征来实现的。一方面，各种地质运动中产生的不同走向的山脉，形成了弯弯曲曲的河道，成了黄河孕育演变的温床。另一方面，也正是由于不计其数的弯弯曲曲，才有了"狭小空间"里的万里长河。就像把一个高个子的人安置在一个低矮的小卧室或者长度不足的小床上，只能弯曲或蜷缩着身子才能适应。

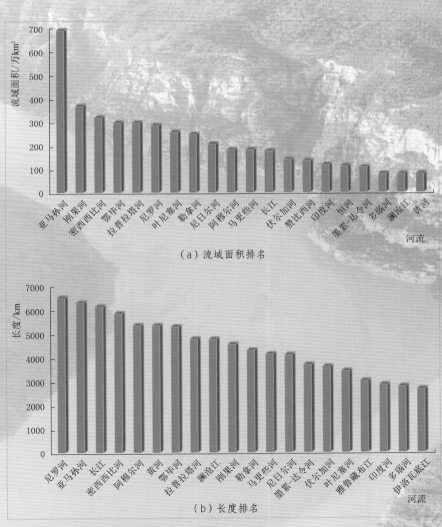

（a）流域面积排名

（b）长度排名

图1-26 世界河流流域面积和长度排名

二、九曲黄河十八弯

受地形地貌的约束，黄河自发源地到入海口，遇山转向，避高趋下，一路上曲曲折折，弯弯相连。在世界前六条最长的河流中，黄河的弯曲系数是最大的，"九曲黄河"是人们对黄河弯弯曲曲的形象表达。从平面形状上来看，黄河呈现一个大大的"几"字形，"几"字形的四个拐角分别是青藏高原东部过渡区的若尔盖湿地、内蒙古河套灌区、黄河上中游分界处（内蒙古河口村）以及中下游分界处（郑州桃花峪）（图1-27）。

黄河在青藏高原蜿蜒曲折地流淌，形成了不计其数的弯弯曲曲。藏族人民称"河"为"曲"，为这些弯弯曲曲的河道赋予了独具特色的名称，如卡日曲、约古宗列曲、扎曲、星宿海、玛曲、九曲（图1-28）等。俗语说："天下黄河九曲十八弯"，传说这"九曲"就是唐代对贵德以上黄河的称呼。

黄河从昆仑山脉的巴颜喀拉山流淌而出，由青海向东流入四川北部，遇到秦岭山脉岷山的阻拦，围绕阿尼玛卿山转了近乎180°的情况下折返回青海。而后，又从阿尼玛卿山和西倾山之间找到出口，穿山而过，一路向北来到祁连山脚下，再改向东流，横穿祁连山进入兰州。至此，黄河形成了第一个"拐角"。黄河首曲所在地是玛曲县，这里的大草原仿佛母亲的怀抱，黄河环绕草原蜿蜒流动，形成了久负盛名的"天下黄河第一弯"（图1-29）。同时，玛曲县还是整个黄河流域唯一一个以"黄河"名称命名的县城（藏语"玛曲"意为"黄河"）[25]。

过了兰州，受东部陇中高原和六盘山的阻挡，黄河转向地势相对较低的北方，一头扎进了大漠深处，直达阴山。阴山山脉呈东西走向，挡住了黄河北流的道路，黄河在此转向东流，形成了黄河第二个拐角。在宁夏，黄河与沙漠携手，形成著名的景点——宁夏中卫沙坡头（图1-30）；在内蒙古，黄河与沙漠相接，形成唯美壮丽的大漠之地——金沙湾。

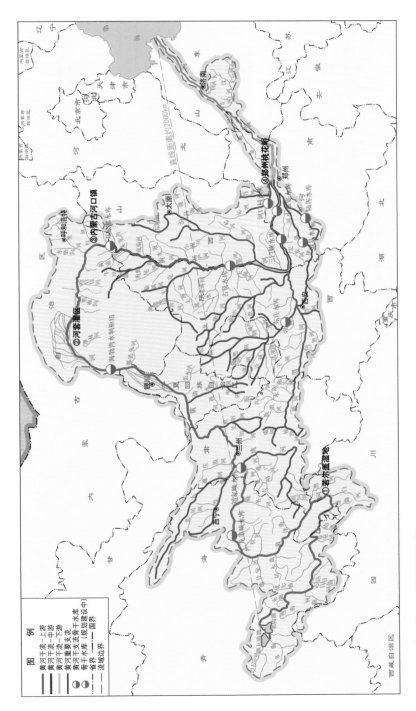

图 1-27 九曲黄河河道平面形状

黄河流过河套灌区，在阴山和吕梁山的交界处找到一个出口，在内蒙古托克托县河口村改道南下，形成了黄河第三个拐角。这里也是黄河上、中游的分界处，以上为黄河上游，以下到郑州桃花峪为中游。南流的黄河经河曲、略府谷、过吴堡、穿河津，在秦晋大地上划出了一条深深的省区分界线——晋陕大峡谷，直抵秦岭山脉华山脚下的潼关。受到秦岭阻隔，黄河再次改变流向，从秦岭和中条山之间的三门峡冲出，向东流向一望无垠的华北平原，形成了黄河第四个拐角。

图1-28　四川若尔盖九曲　（董保华　摄）

图 1-29　黄河首曲——天下黄河第一弯

图 1-30　宁夏中卫沙坡头（董保华　摄）

　　黄河穿梭于中游晋陕峡谷，形成了气势磅礴的天然景观——老牛湾（图 1-31），其中最著名的就是乾坤湾（图 1-32），在这里黄河以近 360°的角度华丽转身，逶迤南去。晋陕大峡谷两侧，黄河各接纳了一条重要的河流，即汾河和渭河。汾河由北向南，是纵贯三晋大地的最大河流；渭河由西向东，是横贯关中平原的最大河流。这两条河流又是黄河水系中最大的两条支流。在拐出"几"字形的大弯后，黄河经桃花峪恋恋不舍地流向一望无垠的华北平原。

图 1-31　晋陕峡谷的老牛湾（董保华　摄）

图1-32　黄河乾坤湾（董保华　摄）

　　不仅干流，黄河的许多支流上也发育着无数的弯弯曲曲。无定河是黄河中游右岸的一条支流，年输沙总量在黄河的支流中居第二位，仅次于渭河。无定河河道弯弯曲曲（图1-33），河性就如其名字一样"无定"，流经黄土高原和毛乌素沙漠，是黄河中游泥沙的主要来源区。

　　黄河巨大而又独特的"几"字形及其弯弯曲曲的河道形态，在世界河流中独树一帜。但黄河上究竟有多少弯曲，没人能说得清楚。有一首歌曲叫"天下黄河九十九道弯"，歌曲以自问自答的形式解答了黄河有多少道弯，"你晓得，天下黄河几十几道弯哎，几十几道弯上，几十几条船哎……""我晓得天下黄河有九十九道弯哎，九十九道弯弯上，九十九条船……"还有一首歌曲叫"天下黄河十八弯"，用黄河的弯弯曲曲来形容革命道路的艰难。可见，黄河的弯曲不仅仅是地理上的特征，也成为了与人们日常生活紧密相连的一部分，同时也成了革命精神的象征。

　　然而，无论是十八弯还是九十九道弯，抑或"九曲"，都不是黄河上弯弯曲曲的真实数字。黄河上的弯弯曲曲也是一个无法统计的数字，人们也并不在意这条万里长河到底有多少弯曲，只是在潜移默化中将她当作民族的象征、精神的寄托以及心灵的慰藉，留在人们心里的依然是"九曲黄河"，依然是无人知晓答案的"几十几道弯"。

图 1-33　陕西清涧县无定河（董保华　摄）

三、河性游荡趋蜿蜒

　　冲积平原河流由于不受河谷的约束，河床形态自由迂回摆动，主流摆动频繁，形成游荡性河道。黄河中游小北干流河段、下游白鹤至高村河段、宁夏头道墩至石嘴山河段、渭河下游的咸阳铁路桥至耿镇桥（泾河口）河段等均为典型的游荡性河道。

　　黄河游荡性河段不仅具有独特的地貌特征，如河道内断面宽浅、滩槽高差较小，洲滩密布、汊道交织（图1-34），还具有复杂的水沙输移与河床演变特点，如洪水暴涨暴落、年内流量变幅大、同流量下的含沙量变化大；水流散乱，主流摆动不定，河势变化剧烈，特别是在汛期，有时一昼夜来回摆动数公里；河床易冲易淤，且冲淤幅度较大。

图1-34　黄河下游游荡性河道局部形态

河型分类

根据河流的特征，河型可分为顺直、弯曲、分汊、游荡和网状等类型[26]。天然河流很少是顺直的，仅在局部河段比较顺直。当河流的弯曲系数大于1.3时，则认为是弯曲河流。分汊河流也称辫状河流，河道内有较为稳定的江心洲，将河道分为两个或多个汊道。游荡性河流具有不稳定性，平面形态具有"宽、浅、散、乱"的特点[27-28]，通常有两股或两股以上的汊道，但与分汊河流不同的是，游荡性河流的主河槽迁徙速率较大，河势游荡摆动，沙洲形态容易随之改变。

游荡性河道演变特征

河床纵比降大是游荡性河道的一个明显特征，黄河下游孟津至高村游荡性河道的纵比降在 1.5/10000～4.0/10000 之间，永定河下游游荡性河道的纵比降约为 5.8/10000。横断面宽浅、宽深比较大是游荡性河道的另一特征。一般用河相系数 $\sqrt{B}/h$（B 为河宽，h 为水深，单位均为 m）来表示河道的宽浅程度，黄河中游小北干流河段河相系数高达 40～52，下游花园口至高村游荡性河段河相系数在 19～32 之间，个别河段可超过 60。根据多年原型观测和模型试验结果，得到以下游荡性河段河势演变特征[29]。

一是复杂性。游荡性河段河势变化是水沙条件和边界条件共同作用的结果，水沙条件、河床边界、工程边界在时空上的变化导致了复杂多变的河势演变过程。河势变化幅度与来水来沙变化幅度成正比，上游来水来沙的剧烈变化导致河床形态的剧烈调整。同时，河床的可动性决定河势演变的剧烈程度，游荡性河道河床组成主要为粉细砂，河床沉积物空间差异造成的抗冲能力差异，在一定程度上决定了河势演变的剧烈程度。

二是随机性。水沙条件和边界条件的随机组合，在较短时期内造成河势演变趋势的不确定性。河势突变往往发生在一场洪水的峰顶附近或洪峰过后的落水期，前者表现为取直改道，后者表现为局部河段出现畸形河湾，发生"横河""斜河"，短时段的河势变化无法预测。

三是关联性。某一河段与毗邻河段、某一时段与前后时段的河势变化有着相互影响，从演变过程来看，某一时刻的河势状态是前期各种因素综合作用的结果，同时又在一定程度上决定着后一个时期的河势演变趋势，"一弯变、多弯变"形象地说明了河势演变的这一特点。

四是不均衡性。游荡性河段在不同时期的河势演变特征不同，且同一时期不同河段的河势演变也具有差异性，河段摆动的方向、幅度在时空上具有不均衡性。

五是河道具有"小水坐弯、大水趋直"的特性。长期的中小水作用下，河道将变得更加弯曲，一旦遭遇大洪水，在剧烈的冲刷作用下，河道又趋向于顺直方向演变。大水过后，随之而来的持续小水导致河槽淤积增加，坍塌严重，河道很快又向宽浅游荡发展（图 1-35）。

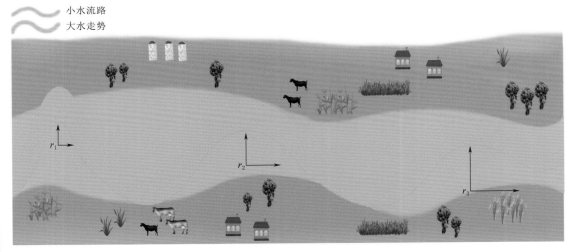

图 1-35　游荡性河道"小水坐弯、大水趋直"示意图

历史时期，黄河在上中游平原河段的河道也曾有过演变，有的变迁还很大。如内蒙古河套河段，1850年以前磴口以下主要分为两支，北支为主流，走阴山脚下，称为乌加河，南支即今黄河。1850年西山嘴以北乌加河下游淤塞断流约15km，南支遂成为主流，北支目前已成为后套灌区的退水渠。龙门至潼关河道摆动也较大，有"三十年河东，三十年河西"之说。不过，这些河段演变对整个黄河发育来说影响不大，黄河的河道变迁主要发生在下游。据历史文献记载，黄河下游决口泛滥1500余次，较大的改道有20多次。但人民治黄以来，尤其是2000年后随着小浪底水库的投入运用以及河道整治工程的逐步完善，黄河下游游荡性河道的河势初步得到控制，主流摆幅大大缩小，形成了相对稳定的流路，保障了伏秋大汛岁岁安澜，确保了人民生命财产的安全。

第四节 独具一格的泥沙底色

一、河水一石，其泥六斗

黄河并非生之为"黄河"，因为流经黄土高原，大量泥沙汇入，河水呈现浑浊的黄色，素有"一石水六斗泥"之称（图1-36）。

黄河年均输沙量与含沙量均为世界之最。按1919—1975年资料统计，陕县站（即三门峡）多年平均输沙量为16亿t，平均含沙量37.8kg/m³，居世界之冠。每年伏秋大汛黄河干支流高含沙洪水频发，历史上最高含沙量达到1700kg/m³（1958年7月10日发生于黄河支流窟野河），是世界河流中最大实测含沙量。也就是说，每立方米水中含有1700kg泥沙，洪水期间流入黄河的基本是泥浆。

图 1-36 "一石水六斗泥"的滚滚浊流

─── 世界上含沙量最大的河流 ───

  黄河以泥沙含量高而闻名于世，年输沙量和年平均含沙量均为世界第一（图 1-37）。与泥沙特性相比，黄河在流域面积和年径流量方面属于严重"偏科"了，流域面积勉强进入了世界前 20 名，年径流量却连前 20 名都没进入（图 1-38）。和世界上其他多泥沙河流相比，孟加拉国境内的恒河年输沙量达 14.5 亿 t，同黄河年输沙量相近，但因其水量大，含沙量只有 3.9kg/ m³，远小于黄河。美国科罗拉多河含沙量达 27.5kg/m³，略低于黄河，但年输沙量仅有 1.36 亿 t。可见黄河年输沙量之多、含沙量之高，在世界多沙河流中是绝无仅有的。同样，与长江相比，黄河多年平均天然径流量 580 亿 m³，是长江的 1/17；而多年平均输沙量 16 亿 t，是长江的 3 倍（图 1-39）。

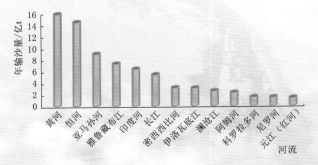

（a）年输沙量排名

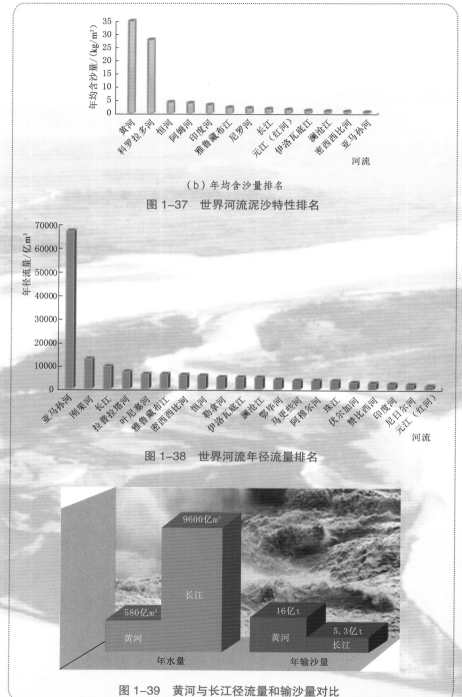

（b）年均含沙量排名

图 1-37　世界河流泥沙特性排名

图 1-38　世界河流年径流量排名

图 1-39　黄河与长江径流量和输沙量对比

二、清且涟漪，渐成浊河

虽然现在的黄河河水浑浊泛黄，但是我们从古人的记载中发现，一开始黄河并不黄，也不叫"黄河"。在商代，《卜辞》称黄河为"高祖河"；在先秦时期，黄河叫"大河"，或者被直接称为"河"，古代"四渎"——"江河淮济"中的"河"便是现在的黄河；《水经注》称黄河为"上河"；至西汉时期，《汉书·地理志》称"黄河"，这是最早见到关于"黄河"的正史记载。

诗经《魏风·伐檀》中有这么一句话："坎坎伐檀兮，置之河之干兮。河水清且涟猗。"说明在先秦时代，黄河水非常清，虽然流过了黄土高原，但当时黄河中下游还是很清澈的。历史上第一次记载黄河变浑，可以追溯到《左传》，《左传·襄公八年》记载："俟河之清，人寿几何。"说的是人的一生太短了，怎能等待河水变清？《左传》相传是春秋末期的鲁国史官左丘明所著，说明至少在春秋战国时黄河的水已经开始变得浑浊。

春秋战国时期，黄河水变浑浊与铁制工具大量使用有关。相比青铜器，铁器制造成本低，价格便宜又非常好用，容易传播和普及，所以铁制农具在农业生产中逐渐占主导地位，加速了人类对土地的开发利用。该时期各国为了获得粮草，都在不遗余力地开垦农田，尤其在黄土高原上，魏国、秦国都在开发耕地，对黄土高原的生态环境影响非常大。黄土高原地区因为人类生产活动增加，大量森林、草原等地表植被遭到破坏，水土流失加剧，黄河水逐渐变得浑浊起来。

到了秦汉时期，作为中国历史上第一个大一统王朝，秦朝建立后大兴土木，修建宫殿、陵寝等，以及为防御匈奴，大规模地移民屯垦戍边，黄土高原地区的植被遭到显著破坏。黄河在两汉时期已经非常浑浊了，人们称之为"浊河"。东汉时期班固的《汉书·地理志》中形容黄河的浑浊，也首次出现了"黄河"二字[30]。但未被普遍认可，直到唐宋时期，黄河这一名称才被广泛使用。

明清时期，随着人口的逐渐增加，对土地的需求日益增强，客观上也加剧了对黄土高原地区的植被破坏，并引发了灾难性的后果。到了近代，随着人类社会发展水平的提高，对黄土高原的开发利用程度进一步提高，进入黄河的泥沙达到了惊人的每年16亿t，成为世界河流之最（图1-40）。

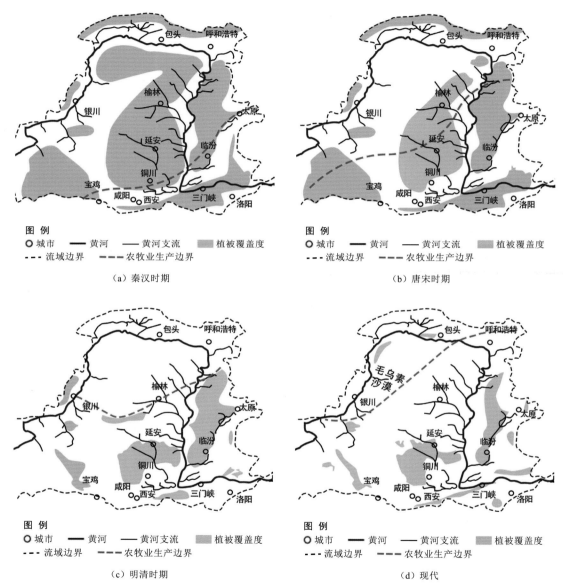

（a）秦汉时期

（b）唐宋时期

（c）明清时期

（d）现代

图 1-40 秦汉至近代黄土高原地区植被变化 [31]

（根据文献 [31] 绘制）

三、清黄相间，辉映时代

从时空关系上看，黄河呈现出清黄相间的明显特色。

历史上，黄河变黄是从秦晋所在的关中和黄土高原开始的，当时那里是秦国和晋国等诸侯国主要活动区域，人口相对稠密。当前，黄河水开始变浑浊的河段在青藏高原与黄土高原的分界处。黄河水在流经此处之前都是清澈的，有"天下黄河贵德清"之说。之后由于黄土高原的水土流失作用，大量泥沙受到冲刷进入河道，黄河水开始变得十分浑浊，并使得整条河呈现黄色。

随着水利科技的发展，黄河流域陆陆续续建设了许多水利枢纽，尤其是大中型水利枢纽的建设，在一定程度拦蓄了泥沙、调节了径流，改变了河流的自然属性和水文过程。于是，在过去黄河呈现黄色的河段上，出现了清黄相间的局面，每一个水利枢纽的库区内都是一库清水。如位于黄河下游的小浪底水库，泥沙在库区内淤积，库区范围内呈现出一库碧水（图1-41）。同时，由于水库拦蓄了泥沙，清水或低含沙水流进入下游河道，坝址下游若干公里的河段内也呈现出清水的特征。

近几十年来，因为对黄土高原不断地进行生态治理，退耕还林，植被有所恢复，水土流失状况得到显著改善。另外，在黄河干流上修建了数百个大大小小的水库，对泥沙拦截也起到了非常重要的作用。总体而言，近几十年黄河虽然依旧呈现黄色，但是含沙量已经远远低于过去。

图1- 41　小浪底水库库区（董保华　摄）

第二章

中华民族之摇篮

"遥远的东方有一条河，它的名字就叫黄河……虽不曾听见黄河壮，澎湃汹涌在梦里。"黄河，这条在中华民族的梦里澎湃汹涌的大河，已经在华夏大地上奔腾咆哮了数千年。昂首北上，俯冲南下，迤逦东去，奔向大海，带走无尽黄沙，造就沃野平原（图2-1）。黄河孕育了灿烂的中华文明，哺育了坚忍不拔的中国人民，书写了波澜壮阔的中国历史，创造了博大精深的黄河文化，被誉为中华民族的摇篮。

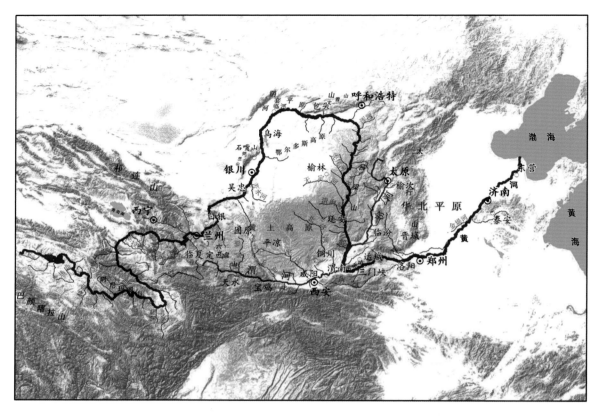

图 2-1 黄河与华北平原

第一节 得天独厚的栖息之地

　　黄河流域是中华民族的主要发祥地，也是中华文明的主要发源地。黄河流域之所以成为中华文明的发源地，与她得天独厚的地理、气候密切相关。远古时期黄河流域气候四季分明，流域内广泛分布的黄土，土质疏松、肥沃，尤其适合使用原始简陋的生产工具进行原始耕作。居住在黄河流域的中华先民，使用原始粗糙的打制石器，过着采集打猎生活，这一时期被称为旧石器时代。而当时的长江流域，植被过于茂密，有很多森林沼泽，人们限于低下的生产力水平，没有合适的生产工具来开垦耕作[32]。考古挖掘出土的化石也证实，远古时期的黄河中游、关中盆地一带森林茂密、雨量充沛、气候温和，亚热带气候十分适宜原始人的生活（图 2-2）。现今考古发掘的铜铁冶炼遗址，大部分位于矿产的天然露头，即由于地质作用而暴露在地表面上，易于看到或接触到的岩石附近，也说明黄河流域矿产资源丰富，易于被先民们发现并挖掘使用[33]。

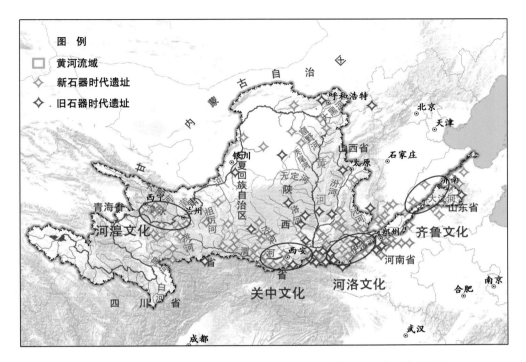

图2-2　黄河流域新旧石器时代遗址及主要文化分布（根据参考文献［34］绘制）

一、华夏先民的安身之地

早在距今100多万年前，黄河流域就有人类居住。大约180万年前，山西西侯度猿人便出现在黄河边的芮城县境内（最近考古又有了新的发现，王益人、沈冠军等[35]通过同位素测定，推断西侯度遗址距今约243万年）；大约100万年前，陕西蓝田猿人就活动在渭河支流灞河边的高地上；大约30万年前，大荔猿人已在陕西的黄河岸边捕鱼狩猎；大约7万年前，早期智人丁村人就活动在山西襄汾丁村；大约3万年前，晚期智人大沟湾人在内蒙古乌审旗大沟湾生活。可以说，在中国这片大地上，黄河流域为早期人类的出现、生活、繁衍、发展，提供了最适宜的生存生活环境。这一片热土，是整个华夏先民的最佳栖息地（图2-3）。

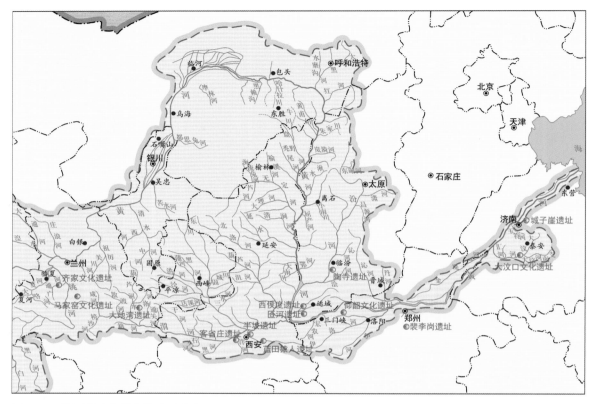

图 2-3　黄河流域主要文化遗址分布

1. 蓝田猿人遗址

蓝田猿人遗址位于陕西省蓝田县东 15km 处的公王岭和县西北 10km 处的陈家窝村两地，是中国直立人化石及旧石器时代早期文化遗物出土地。经测定，公王岭发现的古人类化石距今 110 万 ~115 万年，属第四纪更新世早期。公王岭化石是亚洲北部迄今发现的最古老的直立人化石。

蓝田猿人的发现，扩大了已知中国猿人的分布范围，增加了世界猿人化石的分布点，丰富了人类物质文化记录，也成为黄河流域古文化发展的一个重要佐证。

2. 西侯度遗址

西侯度遗址位于黄河中游山西省芮城县西侯度村，是我国早期猿人阶段文化遗存的典型代表之一，也是我国境内已知的最古老的一处旧石器时代遗址。1961—

1962 年，国家对西侯度遗址进行了两次发掘，出土了一大批人类文化遗物和脊椎动物化石，后又发现了带切痕的鹿角和动物烧骨，是中国最早的人类使用火的证据。黄河流域的先民们以极其原始的手段与方式生存发展，与自然相处的同时也与之博弈，每一个石器的打磨，每一次工具的创造都意味着人类文明向前迈进了一步。

3. 匼河遗址

匼河遗址文化分布于山西省芮城县匼河村一带，皆位于现潼关附近黄河折向东进的拐角处，地质时代为距今约 60 万年的更新世早期。

在匼河遗址出土的有属于更新世中期的哺乳动物化石和原始石器。石器共出土了 138 件，以大石片制作的砍斫器、石球（图 2-4）和三棱大尖状器（旧石器时代古人类用于挖掘根茎类植物的工具）为特色，其原料除极少数为脉石英外，绝大部分由石英岩制成，主要以锤击法和碰砧法打磨石片加工而成。动物化石主要有肿骨鹿、披毛犀、扁角鹿、对丽蚌、德氏水牛、师氏剑齿象、东方剑齿象、纳玛象、三趾马等。

三棱大尖状器、石球及动物化石的出现，可证实当时古人类过着既采集又狩猎的群居生活，动物化石的出现也表明当时气候温暖湿润，森林茂密，河流、湖泊以及沼泽众多。遗址在芮城一带较为密集地分布，证明中国早期人类在这一带活动已经非常频繁，形成了有一定规模的原始人聚落，可能是早期人类生产生活的一个中心地带。

图 2-4　匼河遗址出土的石器

二、星罗棋布的石器文化

约七八千年前，黄河流域的先民们进入了氏族公社时期，新石器时代就此展开。新石器时代文化遗址主要分布在河南、陕西、山西和河北四省大部，及甘肃东部的广大地区。这些地区新石器时代古文化遗址分布广泛、数量众多，已发掘的遗址数量也多，如甘肃省临夏广河县的齐家文化遗址、甘肃省定西市临洮县的马家窑文化遗址、陕西省长安县的客

省庄遗址以及山东省泰安市的大汶口文化遗址等（图 2-3）[36]。

新石器时代文化早期以裴李岗文化为代表，中期以仰韶文化为代表，晚期以龙山文化为代表。裴李岗文化距今 8000 年，发源于新石器时代早期，1977 年发现于河南省新郑市裴李岗西村，随后在郑州、许昌、山东滕县等近 20 个县市均有发现。中期的仰韶文化，由于首先发现于河南省渑池县仰韶村而得名，主要分布于黄河上中游地区。晚期的龙山文化距今约 5000 年，1928 年首次发现于山东省济南市龙山镇城子崖并由此得名，主要分布于黄河中下游地区。

1. 新石器时代的进步

相较于旧石器时代，新石器时代的黄河流域，其文化发展取得了巨大的进步，主要表现为火的利用以及烧制陶器、冶炼、染色等技术的相继出现，造就了后期陶器彩绘的繁荣（图 2-5）。

陶器便于人类存储食物和液体，是一项划时代的创造。这一时期，陶器制作进入一个新阶段。黄河流域各个文化类型的雕塑艺术多以陶塑为主，黄河中上游地区发现的人物雕塑数量丰富，手法多样，风格较为一致。黄河下游地区则以陶塑动物和骨牙雕刻为主。

2. 原始农业和手工业的发展

仰韶文化的社会经济以原始农业为主，耕地分布在村落附近，农具改进为更加精细的磨制石器。除此之外，新石器时代还出现了原始文字与绘画，大汶口文化和龙山文化都出现了可以释读的象形文字符号（图 2-6）。同时，还用葛、麻进行缝纫。其次，建筑工艺有了很大提高，例如，创造了居住建筑、陶窑、祭坛等多种前所未有的建筑形式，为后代建筑的发展奠定了基础。

（a）蟠龙盘（现藏于山西博物院）　（b）旋涡纹彩陶罐　新石器时代马家　（c）新石器时代仰韶文化红陶纺轮
窑文化　（现藏于甘肃省博物馆）　（现藏于开封博物馆）

图2-5　新石器时代的陶器彩绘

图2-6　大汶口晚期陶尊上的刻画象
形文字符号

第二节　大河之滨的神话传说

　　中国进入文明时代的前夕，黄河流域出现了氏族部落。传说中尧、舜、禹及其部落活动中心也都在黄河流域，创造了早期的黄河流域文化。这一时期神话传说开始流传，如"后羿射日""夸父逐日""精卫填海"等，它们是人们运用想象力对自然界的一些解释，反映了远古时期黄河流域先民幻想战胜自然的朴素愿望。

一、滔天大洪水

按照传世文献记载，五帝时代的结束与一场在黄河流域泛滥的大洪水密不可分。相传，在距今 5000 年左右，发生过一次特大洪水泛滥事件，而围绕着这次大洪水，世界范围内诞生了诸多早期的神话传说。

由于这次大洪水事件在各民族的传说中都保持着高度的一致，研究此次史前大洪水的古文明学家与地质学家根据已有线索进行考证，也认为这次史前大洪水事件是真实存在的，并称为"史前全球性海浸事件"。

这次全球性大洪水事件，在全球几大重要文明中也多有迹可循。从古印度到古希腊再到美索不达米亚，甚至在北美的印第安部落中，都有关于这次大洪水的故事记载[37]。这场自然灾害给全人类留下了深刻的记忆，世界范围内都有着这场史前大洪水的流传（图 2-7）。

古巴比伦《吉尔伽美什史诗》中写道："洪水伴随着风暴，几乎在一夜之间淹没了大陆上所有的平原，只有居住在山上和逃到山上的人才得以生存。"

墨西哥地区《奇马尔波波卡绘图文字书》中写道："天接近了地，一天之内，所有的人都灭绝了，山也隐没在了洪水之中。"

印第安地区《波波尔—乌夫》中写道："发生了大洪水……周围变得一片漆黑，开始下起了黑色的雨。倾盆大雨昼夜不停地下……人们在洞穴里找到了避难的地点，但因洞窟塌毁而夺去了人们的生命。人类就这样彻底灭绝了。"

《玛雅圣书》中也刻画了这场洪水："这是毁灭性的大破坏……一场大洪灾……人们都淹死在从天而降的黏糊糊的大雨中。"

《圣经》也有关于这场洪水的详细描述："洪水在地泛滥 40 昼夜，水往上涨，把方舟从地漂起；水势在地极其浩大，山岭都淹没了；5 个月后，方舟停在一座山上；又过 4 个月后，诺亚离开了方舟，地已全干了。"

在我国古代典籍中关于这场旷世洪水也有不少描写。《山海经·海内篇》中说道："洪水滔天，鲧窃息壤以湮洪水。"《孟子·滕文公》中也有关于这场洪水的言论："当尧之时，天下犹未平。洪水横流，泛滥于天下，水逆行，泛滥于中国。"[38]

经历了几千年以后，随着文明的不断进步，在不断的口口相传中融合了人类的想象，逐渐演变成各种寓言故事和神话传说。国外故事中有"诺亚方舟"的传说，国内也留下了

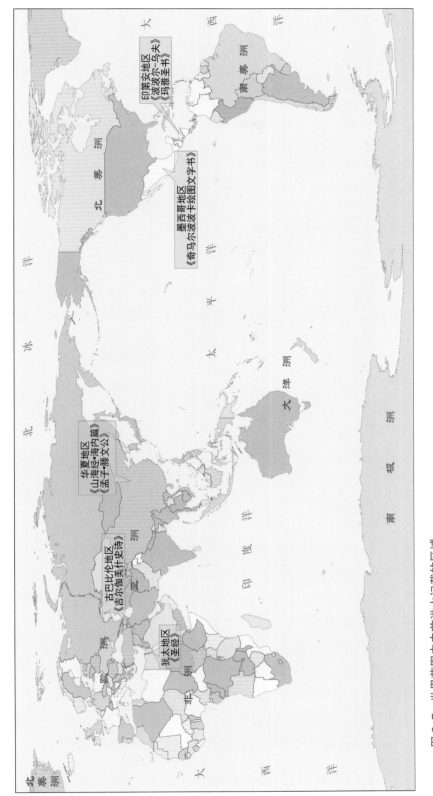

图 2-7 世界范围内史前洪水记载的区域

—— 卡尼期洪积事件 ——

　　这场传说中史前洪水的存在尚有争议，但大约在 2.3 亿年前的三叠纪晚期确有一场世纪洪水。那时全球的平均气温曾经上升到 30℃左右。整个地球变得非常温暖，水面的蒸发量非常大。蒸发到大气层中的水蒸气在高空低温环境下凝结后，又以降雨的形式落回了地面。当时，地球上有 200 多万年处于湿润和多雨状态，引发了持续不断的洪水，史称卡尼期洪积事件。科学界一般认为造成卡尼期洪积的"元凶"是火山运动。一方面，地球火山运动不断向大气层排放二氧化碳，使地球温度偏高，继而诱发全球性降雨；另一方面，连续降雨又能使地球冷却，使大气二氧化碳稀释，从而达到动态平衡状态，因此雨几乎总是下个不停。卡尼期洪积事件前，地球上的陆地植物以比较低矮和容易消化的类群为主。卡尼期洪积事件中，连续的雨水使植物受到严重影响，耐水的裸子植物也在短短数十年间迅速兴起。相对来说，裸子植物长得更高，植物纤维更粗。于是，那些得不到充足食物的动物相继死去，以此为食的食肉动物群落逐渐衰落，但对恐龙而言则是极好的时机。因此，该事件除了导致一些物种灭绝外，也将恐龙送上了地球之王的宝座。

"祝融共工之战""女娲补天""大禹治水"等脍炙人口的民间故事。

二、祝融战共工

　　祝融与共工的典故是远古时期人们对大洪水为何而来的另一解释。传说在上古时期，水神共工和火神祝融因受到人们的尊敬程度不同而发生战争（图 2-8），战争的结果是祝融打败了共工，水神共工因羞愤而撞倒了支撑天庭的不周山，天河之水注入人间，引起洪水泛滥，之后便有了"女娲补天"。

　　根据《淮南子·天文训》描述，不周山倒塌后："天倾西北，故日月星辰移焉；地不满东南，故水潦尘埃归焉。"触倒不周山导致了地势整体向东南倾斜，使得各条水系汇集到东南的低处，最后逐渐形成洪水；这里是从中国的整体地势来对洪水的起因进行解释[39]。而在古人的眼里，是共工与祝融的水火交战引发了天河之水，导致了全球范围内的洪灾，最终形成了远古人类对于大洪水的记忆。

图 2-8　祝融与共工之战

三、女娲补天

　　女娲补天的典故出自于西汉刘安的《淮南子·览冥训》："往古之时，四极废，九州裂；天不兼覆，地不同载；火爁焱而不灭，水浩洋而不息；猛兽食颛民，鸷鸟攫老弱。于是女娲炼五色石以补苍天。"在传说中，不周山的倒塌导致了天空出现了一个大裂口，女娲搬陨石补好天上的"窟窿"以止住大水（图 2-9）。

图 2-9 女娲补天

女娲在平息这场毁灭性的自然灾害时，还做了"断鳌足以立四极，杀黑龙以济冀州"的大事。有人说鳌与黑龙都是洪水泛滥时出现的伤人的怪物，它们都兴风作浪，故而杀之。东汉高诱注曰："鳌，大龟也。天废顿，以鳌足柱之。"先民认为鳌就是大龟，这也体现了远古时代的宇宙观。 远古先民们认为天圆地方，地之四角有四根柱子，支撑着像伞盖一样的天。大地则靠灵龟背载着。"鳌戴山抃，何以安之。"即大龟稍微弹一下，大地就会为之震动，这就是地震。如果大龟翻身、打滚，就会天塌地陷、天崩地裂。这也是大洪水由来的一种推断，即地震使天崩地裂，伴随着的是气温下降，暴雨肆虐，数月不断，最终导致了洪水泛滥[40]。

不周山是中国古代神话传说中的山名，相传不周山是人界唯一能够到达天界的路径，但不周山终年寒冷，长年飘雪，非凡夫俗子所能徒步到达。关于不周山的位置有多种说法，最常见的说法是位于我国昆仑山西北部的帕米尔高原（图2-10）。《山海经·大荒西经》记载："西北海之外，大荒之隅，有山而不合，名曰不周。"《山海经·西山经》记载："又西北三百七十里曰不周之山。"据王逸注的《离骚》、高周注的《淮南子·道原训》，均认为不周山在昆仑山西北。

图2-10 不周山

四、大禹治水

在抵御上古时期大洪水的过程中，尧舜等联盟首领努力进行了多次尝试，但均没获得成功。这时，来自有崇氏部落的禹肩负起治水的使命，在13年的战天斗地中，调集民力，深孚众望，最终治水成功，并受禅成为联盟首领（图2-11）。

图 2-11　大禹率众部下劈山疏水

　　后世关于大禹的故事，传颂最广的当属"三过家门而不入"。大禹治水期间，第一次经过家门时，其妻子因分娩而哭吟，后又听得婴儿啼声，下人劝他进去看看，他怕耽误治水，没有进去。第二次经过家门时，儿子正在妻子怀中向他招着手，这正是工程紧张的时候，他只是挥手打了个招呼，就走过去了。第三次经过家门时，10 多岁的儿子跑过来使劲把他往家里拉，大禹慈爱地告诉他水未治平，没空回家，又匆忙离开。

　　如今人们所熟知的画像中，大禹头戴斗笠，手执木耒，奔走在山川之间。这也是古代水利人忘我精神的体现，是舍小家顾大家的风骨所在。大禹体现的是勤劳勇敢、坚忍不拔、自强不息的民族精神，象征着中华民族的力量和智慧。几千年来，大禹精神为人们所秉承，世代相传。

中国禹迹图

　　禹风浩荡，遍行天下，大禹的足迹遍布全国。2022 年出版的《中国禹迹图》共收录了 323 个禹迹点（图 2-12），涉及 26 个省（自治区、直辖市），包括根据史料中有关大禹治水及其他活动足迹传说的记载，至今留存的有关大禹的祭祀活动、纪念建筑设施、地物表征、碑刻题刻、地名遗存物等不可移动的自然、历史物质遗存、遗址、遗迹，还包括少量可移动文物和非物质文化遗产等。

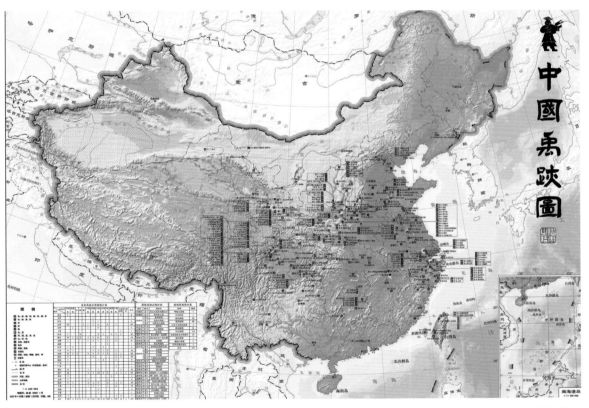

图 2-12　中国禹迹图（绍兴市鉴湖研究会提供）

▌禹时何以大水多?

据推算,禹生活的年代据今约 4100 年。研究表明,当时的气候温暖湿润。如夏鼐先生等考古学家的研究发现,关中平原地区的西安半坡、河南伊洛河流域的偃师二里头等遗址中有遗存的木炭,临潼姜寨遗址中有木柱和木椽,经放射性 C14 测定确认为新石器时期的遗物。当时交通不便,而木材笨重,不宜从远处运至,只可能取自附近地区。这表明当地人类活动频繁,也说明当时气候温暖湿润,适合人类生存,有爆发洪水的气候基础。气象学家竺可桢先生通过物候等方法研究发现:距今 4000 年前后,华夏大地的黄河流域及长江流域,平均气温比 20 世纪 60—70 年代高出约 2℃。根据现代水文气象学研究,气候变暖,蒸发能力提高,空气湿度增加,降水量也随之增大,特别是短时强降水等极端天气出现频次增多。可以推断,当时全球的温暖气候,导致积雪消融加剧,雨季降水更加丰沛,洪水出现频率增加。

20 世纪 90 年代起,我国先后在河南新寨遗址、矬李遗址、孟庄遗址、山东尹家城遗址等处发现了洪水事件的地质和考古遗迹。这些证据均表明,距今 4000 年前后是史前洪水频发的时期。另外,国外也有许多与大洪水有关的传说。如《圣经》中关于诺亚方舟的记载,从一个侧面反映当时可能爆发了大洪水;印度的《吠陀经》也有大洪水毁灭天地的记载。大量记载和研究表明,4000 多年前的尧舜禹时期,气候温暖湿润,华夏大地与国外其他很多地区一样,进入洪水频发的时期,严重威胁生产、生活。

(节选自文献 [41])

第三节 流光溢彩的黄河文明

在中华民族泱泱 5000 多年文明史上,黄河流域有 3000 多年是全国政治、经济、文化中心。在黄河流域,形成了国家雏形,创造了接续连贯的文明形态,塑造了类型多样、涵盖社会经济各方面的人文精神、发明创造和公序良俗,成为中华文明的核心和主体。

如今,各类遗址、遗存、遗迹星罗棋布地分布在黄河流域(图 2-13),无论是干流还是各个支流,都有许多的遗址、遗存、遗迹,见证着光华夺目的文明进程。因此,用流光溢彩来形容黄河流域的中华文明,一点儿也不为过。

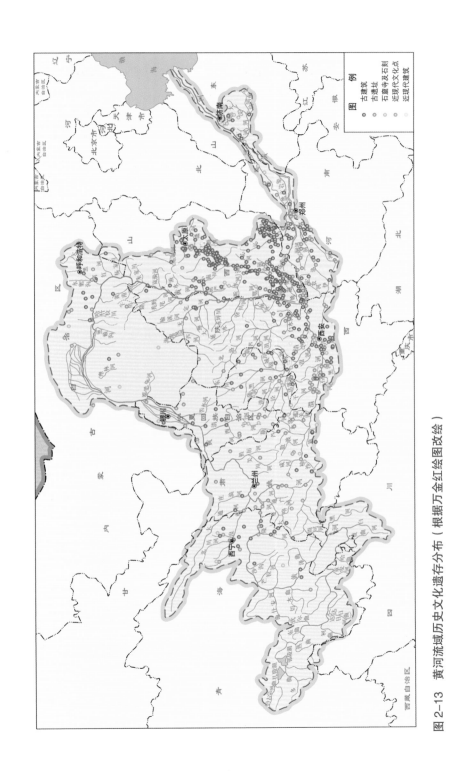

图 2-13 黄河流域历史文化遗存分布（根据万金红绘图改绘）

一、初具雏形的联盟国家

公元前 21 世纪，禹在黄河下游建立了夏王朝，《左传》记载："禹会诸侯于涂山，执玉帛者万国。"其活动中心在今豫西嵩山地区，包括颍河上游，伊、洛河流域和黄河北岸的古济水流域，晋西南也是其重要统治区。代表夏文化的二里头文化（图 2-14）多集中分布在以上区域。

夏王朝的建立使原有各地域性群体被融汇在更大更稳定的联盟之中，并有组织地开展社会化生产生活，社会分工明显出现，文化科学技术开始发展[42]，这时期的夏王朝，已初具国家雏形。大禹去世后，他的儿子启得到四方首领的拥戴，继承大位，开创了此后四千年"家天下"的王朝传统。

图 2-14　瓷青方格纹铜鼎（洛阳博物馆藏）

二、青铜礼乐的商周辉煌

（一）商代祭祀文明

公元前 16 世纪，商汤灭夏，在黄河流域建立起商王朝，并统治 600 多年。都城迁至殷，即今河南安阳，以今河北西南部和河南中、北部为其统治中心区。到了武丁时期，北扩至易水（发源于今河北易县西部），南抵淮河，西北越过太行山进入山西高原。商周阶段出现了比较完善的文字制度，进入了文明的历史时期，创造了灿烂夺目的青铜文化，并进而完成了由青铜时代向早期铁器时代的转变。

商朝初期畜牧业发达，开始大规模地使用奴隶，协作劳动；到了中期以后，农业成为社会重要的生产部门。彼时的社会生产力虽有所提高，但在人类历史发展长河中，依然属于低下水平。

古代先民在发展中逐渐意识到，如果想在恶劣的自然条件下生存下去，只能依靠自己。虽然早期黄河流域先民也有原始宗教、祭祀神灵，但与其他文明不同的是，黄河流域先民祭祀神灵主要是为了预测凶吉，趋吉避凶。

商都河南安阳出土的甲骨卜辞（图2-15）中，保留了大量从商王到各级奴隶主监督奴隶从事集体生产的记录，以及商王的活动和商朝的政治、经济情况。卜辞中大量的甲骨文内容或为卦象，或为验辞，都是商王"趋吉避凶"的体现[43]。甲骨文是一种比较成熟的文字，它的发现对于研究汉字的发展有着重要意义。我国有文字可考的历史由此开始。

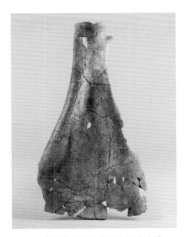  

（a）商代癸亥贞旬亡祸牛胛骨卜辞　　　（b）商代癸巳贞王旬王祸龟甲辞残片　　　（c）商代"岁月与中"卜骨

图2-15　甲骨卜辞（安阳博物馆藏）

1.建筑

河南郑州商城遗址是已发现规模较大的商代城址，城内北中部高地上有很大面积的夯土台基，可能是宫殿或宗庙遗址；城四周分布着各种手工业作坊、半穴居式居宅遗址及墓葬区（图2-16）。

图 2-16　商代遗址

──── 后母戊鼎名称演变 ────

最初此鼎（图 2-17）命名为司母戊鼎，命名人郭沫若，他认为"司母戊"意为"祭祀母亲戊"。当时著名学者罗振玉也曾认为："商称年曰祀又曰司也，司即祠字。"于是司母戊鼎这个名字便一直沿用下来。不过，对于这个名字的争论一直存在，大部分学者认为："后母戊"的命名要优于"司母戊"，可解释为"伟大、了不起、尊敬的母亲戊"。在古文字中，"司"和"后"是同一个字，只是不同时期人们的理解不同而已。2011 年，中国国家博物馆新馆开馆，司母戊鼎正式更名为后母戊鼎。

图 2-17　商代后母戊青铜方鼎（中国国家博物馆藏）

河南安阳附近小屯村殷墟遗址是商代晚期的都城，是当时的政治、经济、文化和军事中心。这里曾发现过几十座宫殿遗址，根据基址情况看，建筑群采用东西南北屋两两相对、中为广庭的四合院式的规划布局。根据甲骨文的形象来看，商代城墙四门之上可能已有门楼建筑。

2. 艺术

商朝青铜器表面的纹饰造型向固定纹样与装饰功能发展，体现了绘画与工艺的结合。此外，商代晚期青铜器上开始出现铭文，河南安阳出土的腹内有"后母戊"字样的后母戊鼎，造型雄伟，品相珍贵，代表了当时青铜复合铸造的最高水平。1964年、2012年中国邮政发行了两款后母戊鼎的邮票。

中国商代中期的青铜器——杜岭方鼎，是目前人类所能认知的年代最早、体量最大、铸造最为完美、保存最为完整的青铜重器。1974年出土于河南省郑州市杜岭张寨前街，共两件。一件现藏于中国国家博物馆，另一件藏于河南博物院，为河南博物院九大镇院之宝之一（图2-18）。

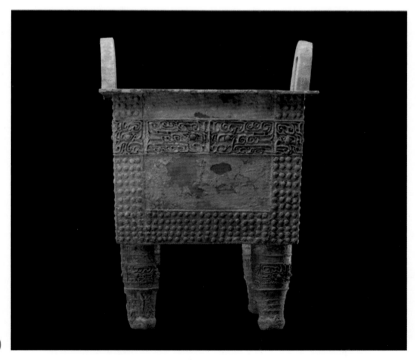

图2-18　杜岭方鼎（河南博物院藏）

（二）西周礼乐文明

1. 礼乐制度

公元前 11 世纪，周武王建立西周王朝，定都镐京（今陕西西安西南沣水东岸）。西周共 11 世，历经 300 多年，其政治势力东北达辽宁，西北抵汾河流域，西至今甘肃渭河上游，东至于海，南至江汉，统治中心一直位于黄河流域（图 2-19）。

周朝统治者在总结殷商灭亡的原因和教训之后，创造出一套治理方式和礼仪文化，这便是周代礼制。周代礼制完整来讲是由礼和乐两个部分组成，统称为礼乐制度。"礼"主要对人的身份进行划分和社会规范，进而形成层级严密的等级制度。"乐"是基于礼的等级制度，通过运用音乐来缓解社会矛盾。前者是所有制度的基础和前提，后者是制度运行的形式和保障。

周朝通过建立一系列的礼乐制度，以周人标准去规范各族和各代礼乐内容，通过制度的形式推行到各个不同等级的统治阶级中去，潜移默化地规范人们的行为，其意义在于扩大周文化的影响，加强周人血亲联系和维护宗法等级秩序，其本质是"经国家，定社稷，序民人，利后嗣"[44]。成套的礼器成为礼制的物化形式，礼制逐

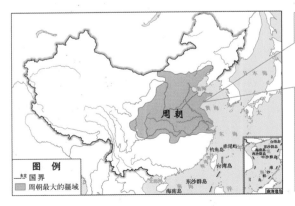

图 2-19　周朝历代统治中心

渐成为社会主流意识形态，由此奠定了中华民族礼仪之邦的地位。

记录周代礼制最为详备的著作是《周礼》。《周礼》又称《周官》，它由西周时期的著名政治家、思想家、文学家、军事家周公旦所著，是讲官制和政治制度的一部儒家经典，宗周的社会思潮都凝聚于周公的制礼作乐中[45]。

2. 农业耕作

相传周之先祖后稷（图 2-20）是中国古代传说中的农耕始祖，他指导人们种庄稼，开启了光辉灿烂的农耕文化。周人最初生活在黄土高原，不仅耕作规模大，耕作技术在当时也是先进生产力的代表。耕作技术的提高，极大地增加了农作物的品种与产量，有助于人口增长。特别是在这个时期探索、积累起来的小规模沟洫建设经验，为后世大规模的水利工程修建创造了一定的技术条件。《周礼》中还提出四种清除杂草的方法，分春、夏、秋、冬四季进行，可见当时已对杂草有了防治措施。

图 2-20　农耕始祖后稷

3. 工艺绘画

周朝针对绘画也有一套较为成熟的形制规范。这时期，无论是绘画题材，抑或色彩及描绘方式都已经有了定制，成为礼仪的重要组成部分。绘画与工艺的结合，使得绘画能按不同的工艺门类进行划分，并按不同门类和专业设置相应的管理官员。同时，绘画也用来表达历史事件或人物，是周朝文化教育的重要组成部分。《人物龙凤帛画》（图 2-21）和《人物御龙帛画》（图 2-22）是战国中晚期的帛画精品，可以看出绘画在当时已达到较高水平。

图 2-21　《人物龙凤帛画》
（藏于湖南博物院）

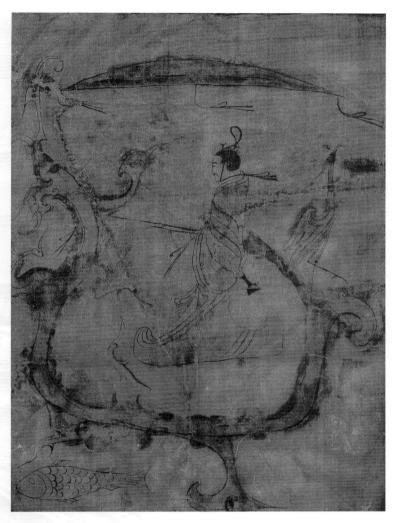

图 2-22 《人物御龙帛画》（藏于湖南博物院）

（三）春秋战国文明

　　春秋战国时期是中国历史上由奴隶制向封建制转变的社会大变革时代，史称东周。此时，土地关系发生了剧烈变化，由集体劳动向个人劳动转变，人们的生产积极性得到了很大释放。铁器的使用、牛耕的推行，为农业发展注入了新鲜血液，推动了黄河流域社会生产力的快速发展[36]。同时民族间持续融合和中外文化的交流，又大大促进了黄河流域文化和科学技术的不断进步。

这一时期的黄河在今河北、山东之间摆动入海。无论是春秋"五霸"或者战国"七雄"，除吴越以外，齐、晋、燕、赵、韩、魏、宋、秦的主要活动范围都在黄河中下游一带。楚的北部疆土一部分也在今陕西、河南一带。在思想学术方面，这一时期是沿黄地区思想最为解放的时代，产生了道家、儒家、墨家、法家、名家、兵家、农家、纵横家、杂家等诸多思想流派，这些思想成为中华文化的精华所在。

1. 水运

春秋至秦，即公元前770—前207年的500多年，纵贯南北的水运体系雏形逐步形成。《史记·河渠书》就有先秦时期运河遍布江、淮、黄等各流域的叙述，如"通渠三江五湖"，是指在太湖流域开通运河连贯三江五湖，"渠"即为江南运河的前身；又如"通鸿沟于江淮之间"，是指战国早期魏惠王开鸿沟打通了更便利的黄、淮运道（图2-23）。

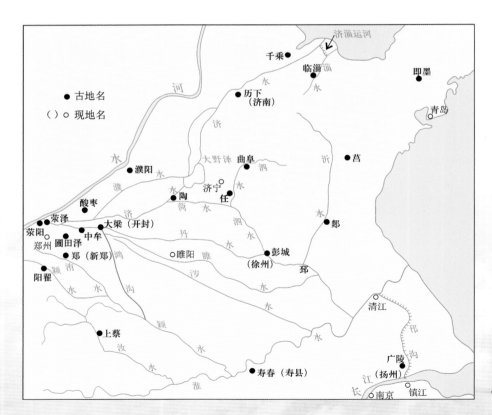

图2-23 战国鸿沟水系示意图（引自《黄河水利史述要》）

西周晚期龙纹玉璜（图2-24）

　　龙纹玉璜于河南省三门峡市虢国墓地M2009号墓出土，M2009是虢国国君虢仲的墓葬，于20世纪90年代被发掘，出土了大批青铜礼器和十分精美的玉器，其中仅玉璜就有20件，充分体现了墓主人的尊贵身份。该墓出土的龙纹玉璜为青玉，长9.4cm、宽1.6cm、厚0.45cm，呈米黄色，玉质温润，半透明，璜两端各钻有一个圆形穿孔。玉璜体表雕琢对称龙纹，尾部彼此叠置或相互缠绕的图案设计在西周中晚期较为常见。它的发现对研究两周时期的宗法、墓葬制度，以及虢国的历史文化具有十分重要的意义。

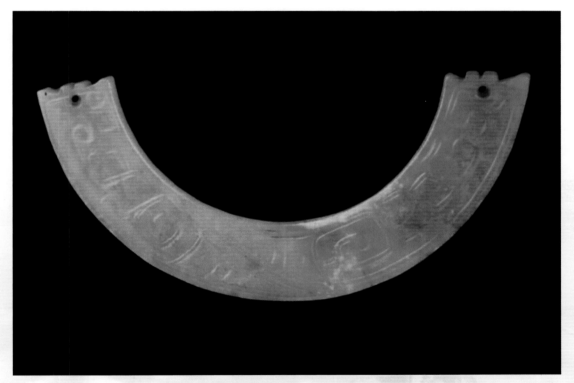

图2-24　西周晚期龙纹玉璜（三门峡市虢国博物馆藏）

━━━ 项羽煮刘邦之父 ━━━

　　鸿沟是中国古代最早连通黄河和淮河的人工运河，位于现河南郑州荥阳市，楚汉之争时的势力分界线（图2-25）。据《史记》记载，楚汉两军在荥阳广武山对峙时，项羽以刘邦父亲刘太公为人质要挟他说："如果你不答应我的条件与要求，我就把你的父亲煮了吃掉。"刘邦却说："当初起兵反秦时，咱俩结拜为兄弟。我的父亲就是你的父亲，如果你烹煮你父亲的话，请别忘了分一杯羹给我。"项羽气得不得了，却也没真煮了刘太公。

图2-25　鸿沟现状图

2. 铸造技术

　　春秋时期，冶铁技术得到快速发展，铁器得以广泛运用，《国语齐语》已有"恶金"即铁的记载。甘肃省灵台县景家庄发现了春秋早期秦墓，出土了一把铜柄铁剑（图2-26），是我国发掘出土最早的人工冶铁制品。河北省易县燕下都遗址出土的战国晚期兵器，经鉴定部分兵器是采用块炼法制成的纯铁或钢制品，有些是块炼渗碳钢件，其中多数经过淬火处理。铸造技术的进步还表现在铁范的使用，铁范是一种铸铁模具，铸成的器物比较精细，可以重复使用，降低成本，提高成产率。1953 年河北省兴隆县古洞沟出土了战国双镰铁范（图 2-27），这种铁范必须用液态铁浇铸，说明在战国时期已掌握了生铁的铸造技术。此外，还发掘出土了春秋末至战国的银质空首布，以及金饰（图 2-28）、金币、铜币，这些文物表现出当时铸造技术的精细。

图 2-26　上方：金镡金首铁剑
　　　　　下方：青铜柄铁剑（中国国家博物馆藏）

图 2-27　战国双镰铁范（中国国家博物馆藏）

图 2-28　战国嵌宝石虎鸟纹金带饰
　　　　　（内蒙古博物院藏）

3. 灌溉工程

水利灌溉在战国时期发展迅猛，百姓生产受益良多。而在战国时期诸多大型水利灌溉工程中，楚国芍陂（古代淮河流域）是极具代表性的一个。这项工程由孙叔敖所创建，利用芍陂引淠进入白芍亭东面形成湖泊，用以浇灌农田。此外，修建的大型灌区还有引漳十二渠（黄河流域）、都江堰（长江流域）、郑国渠（黄河流域）等。古时人们多生活在黄河流域、长江流域附近，且更多的是集中在黄河下游一带。因此，堤防建筑、运河开凿、水利灌溉受到了极大的重视。

黄河流域出现较早的灌溉工程，就是邺地（今河北临漳）有名的漳水十二渠。它既可以引水灌溉、洗碱改良土壤，还能够增加土壤的肥力。其后，秦国也修建郑国渠，长"三百余里"，流经今泾阳、三原、高陵、富平、蒲城、白水等县，灌溉面积 4 万多 hm^2。

4. 思想文化

春秋战国是我国历史上的大转折与大变革时期，诸侯林立，战争频繁。为了争夺霸权，各诸侯国都纷纷进行改革，发展生产，壮大国力。当时的社会经济状况、政治制度和社会组织都发生了剧烈变化，许多有才之士都尽力发表自身见解，为政治、经济或哲学发挥力量，因此也有了著名的百家争鸣之盛况。其代表人物有孔子、老子、孟子、荀子、墨子、庄子、韩非子及左丘明等，亦有代表作《春秋》《老子》《孟子》《左传》《国语》等国学经典传世。中国古代现实主义和浪漫主义相结合的《楚辞》，也是屈原在吸收和继承中原诗歌的基础上形成的。这个时期，是我国思想和文化最为辉煌灿烂、最为多元并蓄的时代，诸子百家之言论也成为我国传统文化的活水源头[46]。

❧—— 老子出关（图 2-29）——❧

老子是春秋时著名的思想家。当时周室势微，各地诸侯云起争霸，天下大乱，老子就决定离开故土，准备出函谷关去四处云游。而把守函谷关的关令尹喜很敬佩老子，听说他来到函谷关，非常高兴。可是当他知道老子要出关去云游，又觉得很可惜，就想设法留住老子。于是，尹喜趁机提出让老子写书的要求，他对老子说："先生想出关也可以，但是得留下一部著作。"老子听后，就在函谷关住了几天。几天后，他交给尹喜一篇五千字左右的著作，然后就骑着大青牛走了。据说，这篇著作就是后来传世的《道德经》。

图 2-29　老子出关图（故宫博物院藏）

三、同文共轨的秦汉文化

秦始皇吞并六国并在黄河流域建立起中国历史上第一个统一的多民族国家，刘邦继而又以黄河流域为中心建立起西汉王朝，建都长安。汉承秦制，西汉时期社会生产力进一步发展，文化科学体系日臻完善，许多生产技术趋于成熟。西汉至南北朝这 700 多年间经

过一系列人工运渠的开凿，南北水运网络已经形成。

1. 黄河改名德水

秦始皇与黄河颇有渊源，其中最主要的是给黄河改名。据《史记·秦始皇本纪》记载："更名河曰德水，以为水德之始。"这里的"河"指的就是黄河。秦始皇按照水、火、木、金、土五行相生相克、终始循环的原理进行推求，认为周朝是火德，秦朝取代了周朝，就必须取周朝的火德所抵不过的水德。为使秦朝的传递无穷无尽，千秋万代延续下去，就要取"以水克火"之意，所以将黄河更名"德水"。秦始皇之所以把黄河改名为德水，是认为其能推翻周朝，秦得天下顺应天意。

2. 漕运

秦汉时期，形成了中央集权的管理体制。政府为了实现粮食征集、供求平衡以及军事给养，开始了不同区域内粮食的转运，经过不断演变，形成了较为完善的漕运制度。在运输方式上，漕运主要有河运、水陆递运和海运三种，其中河运长期居于主导地位。此外，秦朝在今广西兴安县开通灵渠，沟通湘江、漓江，打通了长江、珠江水系。

东汉末年，曹操对航运的开发很重视。公元 202 年，曹操行军至浚仪（今河南开封），治雎阳渠，引黄河水沟通黄河和淮水。后在曹丕和司马懿父子的主持下，又于黄河之南、淮河之北兴修了贾侯渠、讨虏渠、广济渠等，这些人工渠既可以用作灌溉，又方便航运交通，同时使黄河与淮河水系的关系更加密切。

公元 242 年，司马懿"奏穿广漕渠，引河入汴，溉东南诸陂"，次年又在浚仪之南（今河南开封）"修淮阳、百尺二渠，上引河流，下通淮颍，大治诸陂于颍南、颍北，穿渠三百余里，溉田二万顷，淮南、淮北接相连接"[47]。

3. 河工技术

　　秦统一六国后，将战国时期为各国所分辖管理的黄河纳入统一治理，阻碍水流的工事和妨碍交通的关卡得以拆除，整个黄河堤防有了连接起来的可能，这就是《史记·秦始皇本纪》所记载的"决通川防，夷去险阻"[48]的事业。《滑县志》也有关于"瓠子堤"即秦堤的记载，表明秦朝在黄河下游曾修过堤防。相较于秦时期，汉代有关黄河决溢的记载明显增多。从时间上看，黄河决溢集中在西汉中期和东汉早期，多半是由于战争频发导致黄河治理不当等原因造成的。当时治理决溢的方式主要为修筑堤防和堵口这两种。

～—— 刘秀坟的传说 ——～

　　俗话说"生在苏杭，死葬北邙"，天下英雄都希望能在北邙修坟建陵。但东汉开国皇帝，光武帝刘秀（公元前5—57年），原陵却是"枕河登山"即葬在邙山背后、黄河之滨，所谓"汉皇仰卧"（图2-30）。据说是因为刘秀的儿子脾气很倔，喜欢和父亲唱对台戏，刘秀让他往东他往西，让他撵狗他追鸡。刘秀死的时候对他说："你把我埋到黄河底吧。"刘秀的本意是儿子总和他对着干，这样一来，正好实现了自己葬在北邙的愿望。可是这一次刘秀想错了。他儿子想：自己和父亲对抗了一辈子，没有听过一次话，就听一回吧。果然在滚滚黄河之中，为他已故的父皇修建了一座水中冥城。后来由于黄河改道北移，刘秀的坟就留在邙山与黄河之间了。

图 2-30　汉光武帝陵

　　到了西汉时期，河工技术已经有了很大进步。堵口技术分为沿口门全面打桩和自两岸向中间进堵两种，河道整治方面采取了截弯取直的方法。堤岸防护上采用石砌护堤。同时，探索治河方法的人越来越多，出现了很多治河主张，如分疏说、改河说、滞洪说、以水排沙说等[49]。

—— 治河主张 ——

分疏说以汉成帝初年的冯逡为代表，冯逡当时为清河郡都尉，为了避免郡境内出现新的河患，他建议浚开屯氏故河，使其与大河分流，"以助大河泄暴水，备非常"（图2-31）。

改河说的首提者是汉成帝鸿嘉年间的丞相史孙禁。鸿嘉四年（公元前17年），渤海、清河、信都三郡河水泛滥。清河、信都当时在黄河之北，渤海处于最下游。孙禁提出使黄河自平原县以下改道经笃马河入海，如此，三郡泛水便可以消落。

滞洪说的主张者是西汉末年王莽时期的长水校尉关并。他建议将曹、卫（泛指今濮阳以南至山东西南隅的斜长地带）之域空出，为黄河洪水留一个去处，一旦洪水暴涨，泄入其间，下游河道便不至于发生很大的灾害（图2-32）。

以水排沙说是西汉末年大司马史张戎提出的。他认识到黄河泥沙的危害性，认为黄河下游的决溢灾害主要由于泥沙大量淤积，因而防止河患发生，可通过以水排沙，避免泥沙在河床内淤积。滞洪说和以水排沙的理念一直被沿用至今，目前黄河流域通过开辟滞洪区、开展调水调沙等治理措施，来实现滞洪和排沙的目的。

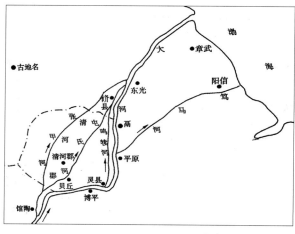

图2-31　冯逡分疏、孙禁改河示意图[49]

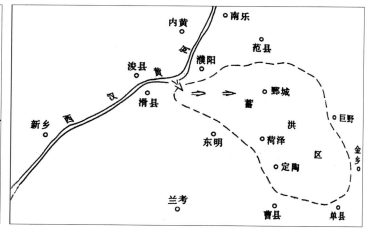

图2-32　关并蓄洪减水示意图[49]

4. 农田水利

两汉期间，黄河流域的人们不仅在消除河水灾害上取得了丰硕成果，同时，在开发水利资源、发展农田灌溉方面也有显著进步。在水利开发方面，建设了今西宁至兰州以西的湟水中下游饮水工程，甘肃中部至内蒙古五原县沿河一带的农田水利工程，以及晋、陕之间黄河北干流河段上的灌溉工程等。泾、渭流域的关中地区水利相当发达，比较有名的有漕渠、龙首渠、六辅渠、白渠、灵轵渠、成国渠等。

农田灌溉的蓬勃兴起和不断发展推动了水利科学技术的进步。在勘测技术上，已有"准""表""商度"等方法。在水利工程方面，出现了井渠、飞渠、桩基溢流堰、壅水坝、涵洞等。在水力机械设施方面，已经出现"水舂"。东汉初期又出现一种新的水力机械——水排，东汉时期又有"翻车"（图2-33）"渴乌"等吸水工具。除去农田灌溉之外，两汉时期利用漕渠发展航运也占有重要地位，当时有长安漕渠、荥阳漕渠，甚至还尝试在三门峡开凿三门砥柱，以利漕运。

在曹丕代汉后的几十年中，曹魏对屯田高度重视，并积极兴修了一批水利工程。公元233年在关中地区除重修了汉时的成国渠，还在同洲（今陕西大荔县）引洛水"筑临近陂"以灌田。此后，又在黄、淮之间大兴水利。

图2-33　翻车［《钦定授时通考》所绘农耕灌溉工具，清乾隆七年（1742年）武英殿刊本，香港中文大学图书馆藏］

—— 渴乌 ——

渴乌是指中国古代吸水用的曲管，用竹或铜制成，当存在一定高差时，利用虹吸效应引水（图2-34）。虹吸效应常用于日常生活中，如从油桶把油导出来，用一根管子插入后，从另一端把空气吸出并置于较低的位置，油就会持续流出来。中国古代将这一简单的物理原理运用在农业灌溉中，这是古代劳动者的智慧结晶，也说明先民们的发明创造多服务于生活实践。

图2-34 渴乌工作示意图

同时，虹吸原理也被广泛应用于水利工程建设中，如南水北调中线穿黄工程（图2-35）。该工程先用盾构机从黄河南岸以45°倾斜角挖出长800m的隧道，然后在黄河河床底深30m处挖一条隧道，连接北岸的竖井。这样就可以利用倒虹吸的方式，让水从南岸的隧洞流进，经黄河隧道之后，从北岸的竖井流出。

图 2-35 孤柏渡附近南水北调中线穿黄工程

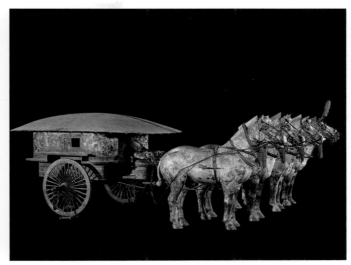

图 2-36　跪射俑（秦始皇帝陵博物院藏）　　　图 2-37　"青铜之冠"铜车马（秦始皇帝陵博物院藏）

5. 文化艺术

秦始皇废分封、置郡县、车同轨、书同文，独尊儒术，统一度量衡，政治、经济和文化等各方面进入"大一统"模式。汉承秦制，对这一重大文明创新进一步规范、完善和推广。先秦时期的儒家、道家等学说，在历代王朝都得到继承和发扬。秦朝虽历史短暂，但对中国艺术史作出了突出贡献。如秦朝建筑的万里长城、秦始皇陵地下的陶塑兵马俑（图 2-36），更有在这个朝代所创造的中国书法艺术中最有生命力的两大书体——小篆和隶书，乃至巨大的陵墓。1980 年在陕西西安秦始皇陵西侧发现的两辆用青铜制作、以四匹马拉的战车（图 2-37），是目前发现的年代最早、形体最大、保存最完整的铜铸车马，被誉为"青铜之冠"，这对研究中国古代车马制度、雕刻艺术和冶炼技术等，都具有极其重要的历史价值。

中国最早的最高学府太学，设在东汉首都洛阳。"凡所造构二百四十房，千八百五十室"。太学是我国古代传授儒家经典的最高学府，学生最多时达 3 万人以上，历经曹魏、西晋，为全国各地

《曹全碑》书法

　　《曹全碑》全称《汉郃阳令曹全碑》，又名《曹景完碑》，汉灵帝中平二年（185年）十月立。碑高253cm，宽123cm。碑阳20行，行45字，隶书，碑阴题名5列。无额，藏西安碑林。

图 2-38　《曹全碑》（故宫博物院明代出土初拓未断本）

《君车出行》壁画

　　《君车出行》壁画，汉灵帝熹平五年，70cm×134cm，1971年发掘于河北安平逯家庄东汉墓中室北壁。整幅图分为上下两层，上层最左侧画有一驾带盖轺车，内坐二人，坐在右侧的御马者手持马鬐，盖前方书有"君车"二字。马车后面跟有一骑马者，身后题有"铃下"二字，其身后还有一位骑马者，身后题有"门下小吏"四字。下层最左侧画有树枝状图案，紧跟其后的是一位骑马者，他身后题有"门下书佐"四字，他的右侧画有另两位骑马者，身后未刻字，但画有树枝状的图案，图案后上方刻有"主簿"二字，右下角的画像已经残缺。画像隶书题字存五处十四字。

图 2-39　《君车出行》壁画

培养了大批人才，出现了不少出类拔萃的人物。现位于河南省洛阳市偃师区佃庄镇太学村（也称大郊村）附近的东汉太学遗址是目前唯一保留的太学遗址。

汉代的天文历法、农学、地学、医学、水利、机械、建筑、冶炼、陶瓷、酿造、纺织、造纸、活字印刷等科学技术，都创造了历史奇迹。汉赋、书法、绘画、雕塑等都攀登上文化艺术的高峰。著名的丝绸之路的起点，西汉时始于西安，东汉至隋唐时始于洛阳，西安、洛阳在当时是对外文化交流、商业贸易的国际大都市。

6. 地理学

河事与水利的快速发展，直接推动了地理学的进步繁荣。地理著作和地图集在这一时期大量涌现。如晋初文学家挚虞所著的《畿服经》，与黄河密切相关；西晋裴秀编制的《禹贡地域图》，第一次确立了中国古代地图绘制的六条基本原则，即分率、准望、道里、高下、方邪、迂直；还有北魏郦道元所著的《水经注》，对中国地理学的发展作出了重要贡献，在中国和世界地理学史上有着重要地位。

《水经注》

郦道元先后在今山西、河南一带任地方官，对当地的地理情况进行了详细考察和记录，他还博览群书，把历史上的地理变迁尽可能地记下来。《水经注》计40卷，记述的河流水道增加到1252条，注文20倍于《水经》原书，30多万字，所引用的文献470多种，还转录了不少碑刻材料，是一部颇具匠心之作。《水经注》不仅是地理著作，也是优秀的散文作品（图2-40）。

图2-40　合校版《水经注》第18册·川（水经注卷38）

四、万国来朝的隋唐盛世

由隋统一南北至北宋灭亡有 400 多年的历史。这期间，隋唐建都长安，五代的后唐建都洛阳，后梁、后晋、后汉、后周以及北宋均建都开封。隋朝的建立结束了中国长期分裂的局面，社会生产力得到了恢复和发展，国家的进一步统一促进了经济文化的再度繁荣，加之中外文化交流加深，黄河流域呈现出新的活力。隋唐时期开通的由永济渠、通济渠、邗沟和江南运河组成的南北大运河，将长江、钱塘江、淮河、黄河与海河五大水系关联到一个水运网中[50]。

1. 治河

由于行水年代已久，河患已经显著增加。唐和五代时期开展了一系列的治河活动。如武周久视元年（700 年）在黄河下游北岸德州、棣州开马颊河，又名新河，作为黄河分洪水道；唐玄宗开元十一年（723 年），博棣二州河决后开展筑堤堵口；唐宪宗元和八年（813年）和唐懿宗咸通四年（863 年）黄河溢，水淹滑州（今滑县东南），前者开分水河以退洪水，后者移河 4 里重新筑堤；五代后唐同光二年（924 年）七月，曹州、濮州因连年大水，进行了堵筑。

2. 农田水利

隋唐时期农业生产兴盛，隋朝建立仅 12 年便"库藏皆满"，唐朝建立 20 年后，隋朝所留库藏尚未用尽。政府储粮数量不断增加，朝廷需要不断兴建、扩充粮仓。考古工作者在发掘和查探隋唐含嘉仓（图 2-41）时，陆续发现该仓的粮窖有 259 个之多。在已发掘的 6 个粮窖中，其中一个尚存大量碳化的谷子，这表明当时防潮防腐技术已经相当高超。

隋唐五代的农田水利在前代的基础上有所发展，开广通渠，唐代沿用。汉代开通的成国渠唐时仍在，同时又增修升原渠。在大兴农田水利的同时，隋唐时期也在不断加强对农田水利的管理。唐中央尚书省下，设有水部郎中和员外郎，"掌天下川渎陂池之政令，以导达沟洫，堰决河渠。凡舟楫灌溉之利，咸总而举之"（《唐六典·尚书工部》）。又设有都水监，由都水使者掌管京畿地区的河渠修理和灌溉事宜。唐朝还制定了水利法规《水部式》，推出了关于河渠、灌溉、舟楫、桥梁以及水运等的法令，《唐律》中也对水利有相应规定[36]。

图2-41 发掘于河南洛阳老城北的隋唐粮仓"含嘉仓"

3. 诗歌与书法

隋唐长安不仅是全国政治、经济、文化中心，也是中国与亚洲各国经济文化交流的中心。这里汇集着使节、商人、学者、僧侣、艺术家、王侯和官吏。他们带来了本国文化，并将中国文化带回本土，使辉煌灿烂的隋唐文化更加丰富多彩，也使中国文化的影响远及异域。

文学艺术空前繁荣使得隋唐成为中国历史上文化的高峰。到了唐代，诗已经发展到炉火纯青的巅峰时期，李白、杜甫、白居易、刘禹锡、李贺、李商隐等名噪全国，唐诗成为大唐盛世的一张靓丽"名片"。初唐有以欧阳询为代表的初唐四大书法家，中唐有书法大家颜真卿，其楷书"形质之簇新、法度之严峻、气势之磅礴"，世称"颜体"[图2-42（a）]。晚唐书法家柳公权吸取了颜真卿、欧阳询之长，融汇新意，自创独树一帜的"柳体"[图2-42（b）]。

（a）颜真卿《多宝塔碑》部分拓片

（b）柳公权《九疑山赋》部分拓片

图2-42 古代拓片

五、帝国盛衰的历史演绎

宋朝是中国历史上承五代十国、下启元朝的时代，都城开封，是中国古代历史上经济、文化教育与科学创新高度繁荣的时代，也是中国历史上的黄金时期。但后期朝纲混乱、战祸连连，最终被元朝所取代。元朝前中期皇位频繁更迭，政治始终没有走上正轨，经济也未恢复到宋朝时期的水平，但疆域空前广阔，商品经济和海外贸易较繁荣。后期因统治腐败，宰相专权、内乱频发和民族矛盾过深，导致大规模的农民起义，1368 年朱元璋领导的农民军攻占南京，改国号为大明，正式建元称帝。明朝前期国力强盛，开创了洪武之治、永乐盛世、仁宣之治和弘治中兴等盛世，国力达到全盛，疆域辽阔。手工业和商品经济发达、繁荣，出现商业集镇和资本主义萌芽。时至清朝，统一多民族国家得到巩固，基本上奠定了中国版图，同时君主专制发展到顶峰。但是中后期由于政治僵化、文化专制、闭关锁国等思想停滞，并逐步落后于世界，随着黄河决溢的侵扰，清王朝彻底落没。宋元明清王朝更迭交替，经历了经济重心南移，治河技术的滞后反复与空前发展，为后世留下诸多物质瑰宝与治国经验。

1. 瓷器

宋朝的手工业发展空前，虽然规模较大的手工业大多集中在官府手中，但是与农业相结合的家庭手工业也数不胜数，分布在农村各个地方。不仅如此，各地还出现了大批烧制瓷器的小型民窑。河南临汝窑为宋朝北方最著名的瓷窑之一，其产品主要多为食具。瓷器品种以青釉瓷为主，还有钧窑、定窑等民间瓷窑和官窑（图 2-43）。

（a）天青釉盘　　　　　　（b）钧窑月白釉花瓣碗　　　　　　（c）定窑黑釉瓶

图 2-43　宋代汝窑瓷器（河南博物院藏）

2. 印刷术

宋代雕版印刷术得到发展并趋于鼎盛，毕昇发明的活字印刷术，使印刷术进入了一个新时代，对后世印刷技术的发展产生了深远的影响，是世界印刷史上的伟大创举。

3. 治河与漕运

宋朝。宋朝的经济收入水平与商品经济是我国历史上最发达的一个朝代，其中水运对商品经济的发展起到了重大推动作用。彼时，经过长期战乱与内耗，宋朝陆路经贸交流通道被阻隔或再次破坏，因此，需要考虑更稳定而实际的交通方式。宋朝的统治者们认为水路具有强大能力与优点，加上宋朝农商并重的政策，水运经济发达起来（图2-44），同时也为生产发展带来了蓬勃生机。

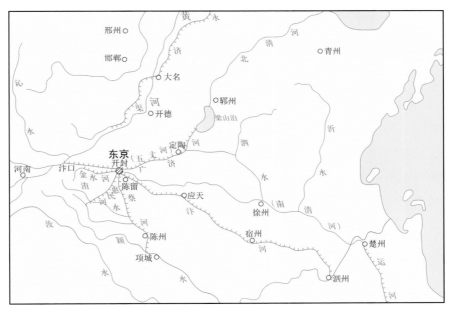

图2-44 北宋汴、蔡（惠民）、金水、广济漕运四渠图

——— 先进的宋朝造船技术 ———

宋朝的贸易因为水运更加便利，造船技术达到了登峰造极的程度。船只规模与质量远远领先其他国家。当时中外商人所用商船多为"宋朝制造"，河内商船更是数量众多，大小各异。发达的水运事业造就了一大批造船匠人，极大发展了船手、火手、碇手、水手、纤夫等相关从业人员。庞大的就业需求量非以往任何一个朝代可比。

金元时期。黄河流域战祸连连，多方势力互相征讨、混战不止。金代黄河"数十年间或决或塞，迁徙无定"。在1128—1234年的106年，黄河有20年发生决溢（平均每五年多决溢一次）。战争和河患，使得黄河流域遭受了严重的破坏。然而，每次战事之后，统治者都采取了各种措施治理黄河，恢复经济，巩固统治，进一步丰富了治水经验，因而在唐宋经济繁荣、文化昌盛的基础上，黄河流域水利科技又有了更大的发展。

元代的水利建设较为活跃。元太宗窝阔台采取了梁泰关于修复陕西三白渠的建议，整修了陕西三白渠，使关中古老引泾灌区得到了初步恢复。元世祖忽必烈确定了重农的国策，设置了劝农司、司农司等机构，专门主管农桑水利事业。修复废弃破坏的古灌渠，又于汾水之滨开了利泽渠、大泽渠等[51]，分两段开通了京杭大运河的关键性一段，名为会通河。元世祖以后，又对广济渠进行了整治，继续维修引泾灌区，并制定了一套管理制度，使黄河流域的古老灌区获得了新生。

漕运在元代也有了较大成就。王朝所需财物皆仰赖于江南，而当时陆运相当困难，会通河水源不足，运量大受限制。于是改变运送方式，开辟海运通道，陆续在今山东、河北等地开辟了一条连接京城与江南的航道，为明清改建南北大运河奠定了基础。

明清时期。明清时期黄河下游决溢更为频繁，超过了以往任何时期，给黄河治理增加了难度。明代在宁夏黄河干流、甘陕泾河、山西汾河和河南沁河等均修建了一系列水利工程，开始对黄、运、淮进行交叉综合性治理，大力修整京杭大运河，并在河流中兴修了一系列的闸坝控制工程[49]。清代嘉庆、道光之前的漕运主要是通过纵贯南北的京杭大运河实现的，同时对青、甘、宁、晋、陕、豫等地的水利工程进行了建设和修复。清代河防技术和管理水平又有了进一步改善。对筑堤工程的堤线选定、取土地点、质量要求，施工时间、运土工具和单价等都有了明确规定，还开始采取放淤的形式巩固堤防。

——— 纵贯南北的京杭大运河 ———

漕运是利用水道调运粮食的一种专业运输。运送粮食的目的是供宫廷消费、百官俸禄、军饷支付和民食调剂。漕运制度是我国历史上一项重要的经济制度[51]，更是明、清王朝的重要经济命脉。清嘉庆、道光之前的漕运主要是通过纵贯南北的京杭大运河实现的。运河全长1700余km，历经今浙江、江苏、山东、河北、天津和北京六省（直辖市）（图2-45），是运河沿线经济社会发展的启动器和助力机，催发和带动了城市的崛起和繁荣，造就了清明时期漕运的辉煌鼎盛，同时也孕育了沿岸江镇与地域文化。

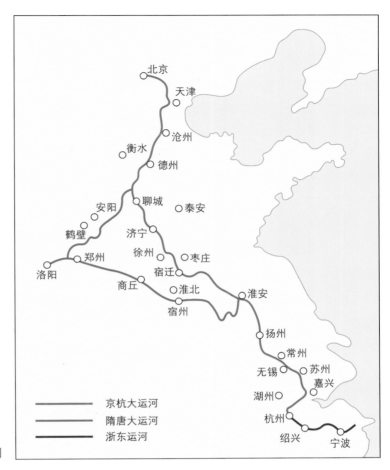

图 2-45　京杭大运河线路图

北京
天津
沧州
衡水
德州
安阳
聊城
泰安
鹤壁
济宁
郑州
徐州
枣庄
洛阳
商丘
宿迁
淮北
淮安
宿州
扬州
常州
苏州
无锡
嘉兴
湖州
杭州
绍兴　宁波

京杭大运河
隋唐大运河
浙东运河

第四节　包容万千的中和根基

　　"惊涛澎湃，掀起万丈狂澜；浊流宛转，结成九曲连环；从昆仑山下，奔向黄海之边；把中原大地劈成南北两面……"一曲《黄河颂》让人心潮澎湃，赞美了黄河的"雄伟坚强"。"风在吼，马在叫，黄河在咆哮……"民族危亡之际，一曲《黄河大合唱》发出了全民抗战的怒吼，燃起中国人民救亡图存的斗志。千百年来，奔腾不息的黄河以百折不挠的磅礴气势塑造了中华民族自强不息的民族品格，成为中华民族永恒的精神图腾。

　　黄河文化之所以占据了中华文明的大幅华美篇章，并能形成强大的民族凝聚力，其根

本原因就在于中华民族对"中"的信仰。回顾整个中华文明史，相较于西方海洋文明的侵略性与扩张性，黄河文明体现出来的是"求中"或"追中"，是一种巩固现有统治体系，维持并发展现有基础的"折中"理念[52]。

其一，在中华文明地理板块更迭的蓝图上，黄河在古代一直被认为处于江与河的"中"部地位。黄河以北有海河、辽河，辽河以北有松花江、黑龙江、乌苏里江、图们江等；黄河以南有淮河，淮河以南与西南则称为江，如长江、赣江、珠江、湘江、澜沧江、雅鲁藏布江等诸多江河。不难看出，在中国大地之上，凸显古人在"河"与"江"的名称选择上，突出了"河"的"居中"地位。

其二，中国古代统治者偏向于取中部建都。在中华上下五千年的历史长河里，超过3000年的都邑或都城均位于黄河中部的大平原地区，在中国古老的宇宙观中，中国是位居天地中央之国，而天地中心则在中原，因此，这里成为中国早期王朝建都之地和文化荟萃的中心，形成了"天下之中"，且有西周"何尊"之铭文"宅兹中国"作佐证。这正与黄河中游嵩山之中的地位相重合，中原的核心在洛阳，故有了登封"天地之中"历史建筑群入选世界文化遗产名录的文化基础。

其三，黄河中游在中国之"中"。在古代中国地理分布上，整个国家分为九州，其中豫州在九州中央，因此豫州又有中州之称。豫州即今河南，也就是中原，作为文化区的中原历史文化区一般是指大中原，即西至关中东部，东至鲁西南，北至晋南，南至淮河流域，基本属于黄河中游，东部进入黄河流域中下游部分区域。

其四，现代有学者经过研究认为，中为主位，黄河的"黄"对应"五行"中的土，因为土为"五行"的核心，这个观点主要源自于《史记·天官书》："天有五星，地有五行。"即东南西北中，对应木火金水土。其中，土属中央，看似隐晦，却是承载一切的实体，土为五行之母，是承载一切的基础，是五行的根基。

黄河流域自西向东有华山、嵩山与泰山，它们与山西恒山、湖南衡山共统称"五岳"。至此，山河呼应，河山之为国家。黄河文化的"根"也在这山河之中发芽，由"中"逐渐发展成"中和"。有了根，中华五千年文明才能源源不断，始于此、长于此，"和"于此。在物换星移的岁月中，母亲河的波涛终将从远古流向未来；在彼此守望的山河里，伟大的黄河文明以更加开放包容之态，拥抱世界。千山万水，不辞辛劳；千言万语，只为传承。

天地之中建筑群

　　天地之中历史建筑群分布于河南省郑州市登封市嵩山腹地及周围，共8处11项：观星台、中岳庙、太室阙、启母阙、少室阙、会善寺、嵩阳书院、嵩岳寺塔、少林寺常住院、塔林、初祖庵等（图2-46）。历经周、汉、曹魏、西晋、北魏、隋、唐、五代、宋、元、明、清，数千年绵延不绝，构成了一部古老的中原地区上下三千年形象直观的建筑史，是中国时代跨度最长、建筑种类最多、文化内涵最丰富的古代建筑群，代表了我国古代建筑制度的初创和形制典范，集中体现了人类杰出的创造力。2010年，天地之中历史建筑群被列为世界文化遗产。

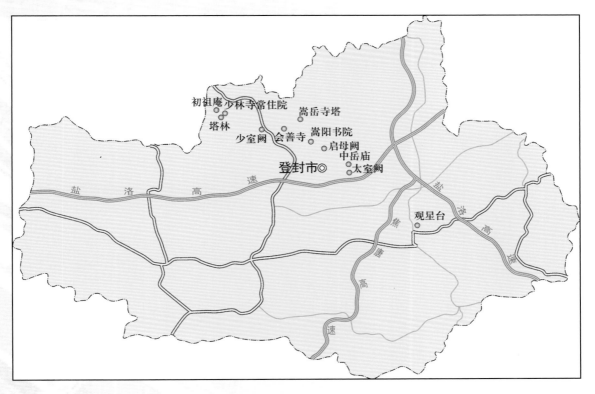

图2-46　天地之中历史建筑群分布

第三章

千年忧患话沧桑

黄河奔腾出峡谷，像一匹脱缰的烈马，在华北平原恣意奔行，淤、徙、决在此循环频繁上演。历史上，黄河水患频发，溃决千里，淹没良田万顷，饿殍遍野、民不聊生，许多百姓被迫背井离乡。因此，黄河曾被称为中华民族"千年之忧患"[53]。

十年河南，十年河北

黄河就像一匹桀骜不驯的烈马，从青藏高原一路奔腾而下，驰骋于宁夏和内蒙古广阔的大地上。宁蒙河道位于黄河上游的下段，受两岸地形控制，形成峡谷河段与宽河段相间的格局。宁夏河段受两岸山体和台地控制，河道迂回曲折，河势相对稳定。内蒙古河段地处黄河最北端，大部分河段水面宽阔，河势变化较大。自西向东河道随着洪水南北摆动，河势具有"大水走中、小水走弯、大水淤滩刷槽、小水淘岸"的演变特征，素有"十年河南，十年河北"之说。

著名的乌梁素海就是黄河内蒙古段河道摆动后形成的河迹湖（图 3-1）。古黄河流入内蒙古河套平原后，分为南、北两河，乌梁素海所在位置原是古黄河北河河道。北河是黄河的主流，南河是岔流，从汉代到北魏，北河河道是畅通无阻的，至宋元时期，北河仍是主流。清道光三十年（1850 年），北河上部淤塞，黄河向南迁徙，在乌拉山西侧留下河迹湖，在多次洪水的作用下，汇聚成了乌梁素海[54]。此后，河套灌区规模不断扩大，灌溉退水汇入乌梁素海，海域面积不断扩大，最大时曾有 700 多 km²，目前面积维持在近300km²。如今的乌梁素海水盈草丰，已成为各种鸟类的栖息地（图 3-2），成为西北地区的重要生态屏障。

图 3-1 乌梁素海形成过程示意图

图 3-2　水盈草丰（左）和百鸟飞舞（右）的乌梁素海　（董保华　摄）

第二节　三十年河东，三十年河西

　　"三十年河东，三十年河西"作为一句广为流传的谚语，用来表达风水轮流转、大家都有得势和失势的时候。这句谚语其实源于黄河。

　　黄河从内蒙古自治区托克托县河口镇开始，流向由东转向南进入中游地区。从形态上看，该河段为南北走向，一般称为"北干流"（图 3-3）。其中从河口镇（头道拐水文站所在位置）到龙门镇（龙门水文站所在位置），黄河干流落差较大，水力资源丰富，称为"大北干流"；龙门镇至潼关（潼关水文站所在位置）之间的河段，河道陡然变宽，流速减缓，称为"小北干流"。

　　龙门以上的"大北干流"河段，受峡谷影响，历史上较为稳定。龙门以下的"小北干流"河段，地势趋于平缓，河道冲淤变化剧烈，主流在冲积扇上左右摇摆，时而向东，时而向西。伴随着河道的一次变迁摆动，原来在河东的村镇很可能就变到河西那边去了。久而久之，在当地便有了"三十年河东，三十年河西"的俗语，后来逐渐演变为形容人事的盛衰兴替、变化无常的谚语[55]。

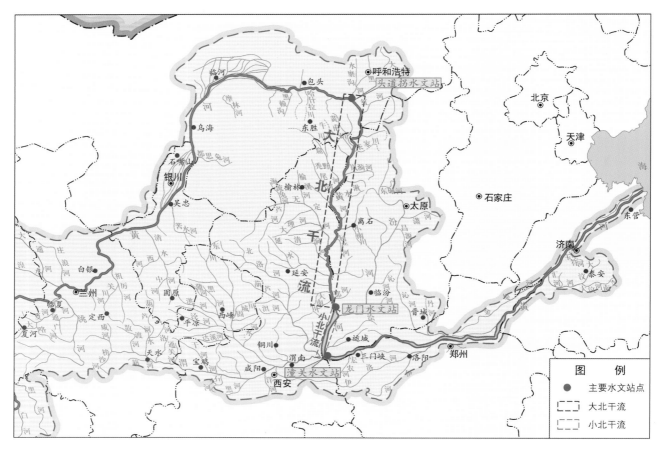

图 3-3　大北干流和小北干流位置

第三节　三年两决口，百年一改道

　　黄河经郑州桃花峪进入下游河段后，因下游河道变宽、流速变缓、河流携带的泥沙大量落淤，河势游荡摆动，形成了世界上著名的游荡性河道。

　　早期关于黄河决口的文字记载较少，直到西汉以后，关于黄河决溢的记载才逐渐增多[56]。据文献记载，公元前 602—1946 年间，黄河决口泛滥 1593 次，发生较大改道共 26 次，称为"三年两决口，百年一改道"（图 3-4）。

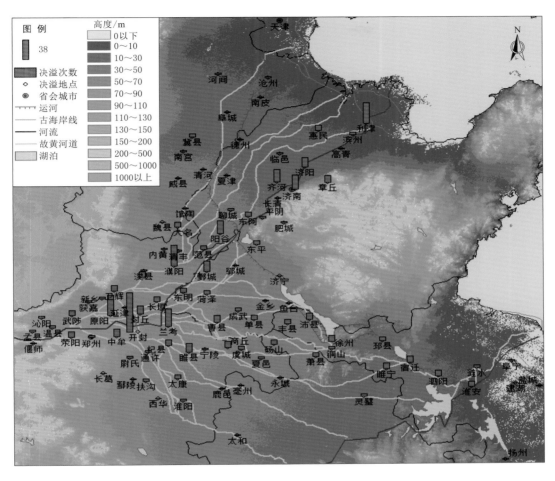

图3-4 黄河下游河道决口改道点分布图

现今黄河河道的特点：①黄河下游游荡性河段起于河南孟津白鹤，止于山东东明高村，河道全长299km。该河段主流摆动频繁、摆动幅度大，摆动范围最大可达7~8km，河床沙洲密布，水流宽、浅、散、乱。②高村至陶城铺河段属于由游荡型向弯曲型转化的过渡性河段，该河段长约170km，主流摆动较为频繁，但主流线较为集中，有明显的河槽，两岸大堤堤距一般为1.4~8.5km。③陶城铺至利津为弯曲型河段，该河段长约315km，两岸整治工程较多，河势稳定，两岸大堤堤距一般为0.4~5km。

第四节 弥无定向的下游河道

历史时期，由于堤防工程不完善，黄河下游河道弥无定向，变迁范围北到海河、南达江淮。黄河的历次改道，在华北平原上雕刻出了密密麻麻的纹路。

一、影响深远的六次改道

在黄河的 26 次大改道中，有 6 次影响巨大，称为"六大迁徙"，涉及今河南、河北、山东、安徽、江苏五省[57]。大体来说，有禹河故道、西汉故道、东汉故道、北宋故道、金元故道和明清故道等 6 条较为重要的黄河故道（图 3-5）。

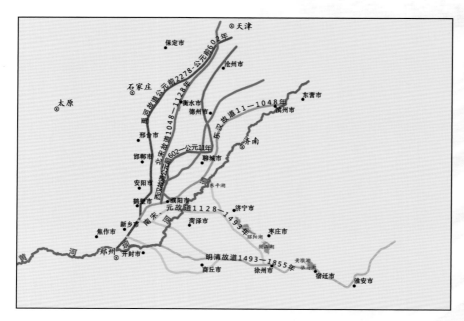

图 3-5　黄河下游故道

（一）第一次大改道——禹河故道

据现有史料记载，黄河下游最早的一条河道是禹河[49]，即大禹治水后形成的河道，《尚书·禹贡》记载了该河道。三皇五帝时期，黄河泛滥，大禹奉命治水，使黄河分道入海，其中最北一支自孟津以下流向东北，经今河南省北部进入河北省，向北流入今邢台、巨鹿以北的古大陆泽中，经天津东南入渤海，称为禹河。

在相当长的一段时间，禹河是很稳定的，后逐渐由初期的低洼河道向"地上河"转变，各诸侯国也开始在各自领地范围内大量修筑黄河堤防以抵御洪水，河道淤积导致水位不断抬高，黄河经常发生决溢。清初胡渭所著《禹贡锥指》记载："周定王五年（公元前602年）河徙，自宿胥口（今浚县，淇河、卫河合流处）东行漯川，又经滑台城，又东北经黎阳县南，又东北经凉城县，又东北为长寿津（今河南滑县），河至此与深川别行而东北入海，《水经》谓之大河故渎。"

此次改道为大禹治水后黄河的第一次大改道，也是史载黄河下游最早的一次改道，改道后的黄河偏离禹河，留下了禹河故道。

（二）第二次大改道——西汉故道

周定王五年改道后，整个河道大概向东南方向平移了100km。改道后的黄河大致经今河南濮阳、河北大名、山东德州等地，经沧州北而东入渤海，这条流路一直延续至西汉末年，称为西汉故道。

西汉时期，为保护田园，黄河下游居民在河道内修筑堤防，个别河段堤防修得很高，导致河道淤积成为地上河。在这种河道形势下，决溢是迟早的事。

王莽始建国三年（公元11年）"河决魏郡"，黄河发生了汉朝最著名的一次大决口——魏郡元城（今河北大名东）决口，此次决口地点正是王莽的老家元城县（今河北大名），黄河在西汉河道的基础上，继续向东南方向摆动100多km，夺漯水入海。当时的统治者王莽却乐见此结果，并主张不堵决口，因为黄河改道正好避免自己祖坟被淹，于是黄河在河北泛滥长达半个世纪之久。此次改道后，西汉时期的河道干涸，成为了西汉故道。这是黄河第二次大改道。

（三）第三次大改道——东汉故道

东汉王景治河后的800多年间，黄河虽时有泛滥，但却无大的改道。宋朝前期大致维

持东汉以来的河道，称京东故道（因流经京东而得名）。后期河道淤高，险象丛生。北宋景祐元年（1034 年），河决澶州横陇埽（今濮阳东北），在原河道北形成一条新河——横陇河[59]。北宋庆历八年（1048 年），黄河在濮阳的横陇埽决口点上游商胡埽发生决口，决口形成的新河道进一步向北摆动，新河夺永济渠至今天津东入海，时称北流，这是黄河的第三次大改道。至此，行水近 1000 年的东汉河道干涸，成为东汉故道。

（四）第四次大改道——北宋故道

南宋高宗建炎二年（1128 年），金兵屡次攻打开封，开封留守杜充为阻止金兵南犯，以水淹金军为名，在今河南滑县西南扒开黄河大堤，人为引发黄河第四次大改道。黄河从此离开了数千年向东北注入渤海的河道，摆动于豫东北至鲁西南地区，经泗水南流，夺淮河而注入黄海。

黄河河道从北宋时期的北流、东流两分支同入渤海，变成了北流、南流两大分支，分别入渤海、黄海。北流较细小，注入大野泽后经北清河入渤海；南流是主流，注入大野泽后经南清河入黄海。由于摇摆不定，南流迁延于淮河两大支流（泗水与颍水）之间。金人入主中原后，上述河道又有数次小范围变化，在金大定八年（1168 年）、二十年（1180 年）、明昌五年（1194 年）以及泰和八年（1208 年）均有决口，黄河主流不断南移，北宋时期的河道也逐渐演变成为黄河故道。

～～—— 黄河的军事地位 ——～～

黄河除了对发展经济有作用外，在古今的军事战略中也一直扮演着重要的角色。公元 960 年赵匡胤于陈桥驿发动兵变。当时后周接到边境紧急战报，北汉国主和辽联合出兵侵犯后周边境，遂派赵匡胤带兵抵抗。当大军到了距京城二十里的陈桥驿时，赵匡胤手下的将领把早已准备好的黄袍披在赵匡胤身上，跪在地上高呼"万岁"（图3-6、图3-7）。之后，赵匡胤取代了后周的皇帝，从此开始了大宋王朝。兵变地点选择陈桥驿就是因为该地方是黄河南岸的重要据点，如果过了陈桥驿渡河向北再反水，就不得不打过黄河，造反的难度系数就从"简单"变成"噩梦"了。当然，利用黄河进行防御只是军事中的一方面，进行粮食运输，乃至"以水代兵"也屡见不鲜。

图 3-6　黄袍加身

图 3-7　宋太祖黄袍加身处

（五）第五次大改道——金元故道

金末元初近百年间（1209—1296 年），黄河呈自然漫流状态，没有固定流路。1297—1397 年的百年间，以荥泽（今河南郑州西北古荥镇北）为顶点向东成扇形泛滥，主流自南向北摆约 50 年。此后自北向南摆 50 年。最北流路在今黄河一带，最南流路夺颍入淮。

明弘治六年（1493 年）正月，右副都御史刘大夏前往山东张秋（今山东阳谷东）治理黄河，在黄河北岸修筑大小两道长堤。其中的大堤全长 360 里，因其西起太行山脉，也被称为太行堤。太行堤对黄河产生了巨大的南向导流作用，使黄河彻底南流，称为第五次大改道。此次改道促成了后来持续 300 多年的明清河道雏形的形成，并留下了金元故道。自此以后，"北流于是永绝，始以清口一线受万里长河之水"，黄河北流被彻底断绝，重新流入兰阳、考城河段（今兰考），过徐州、归德、宿迁，最后经淮河入海。

（六）第六次大改道——明清故道

明嘉靖后期，潘季驯奉命总理河道，他按照"蓄清刷黄""束水攻沙"的治河方略，于万历初年完成了黄河两岸堤防和高家堰堤防的修筑，基本将明清时期的河道固定了下来，这就是现今地图上的"废黄河"[58]。

清咸丰五年（1855 年）六月，黄河在兰考铜瓦厢决口，汇入大清河入海，从而结束了黄河 700 多年夺淮入海的历史，又回到由渤海入海的局面，形成了今天的河道，到现在已有 160 多年了。

二、举世闻名的地上悬河

黄河洪水挟带大量泥沙进入下游平原，泥沙迅速沉积，行洪河道不断淤积抬高，形成了著名的悬河，乃至近几十年逐步形成的二级悬河。

1.悬河

悬河是指黄河下游河道泥沙沉积导致河床不断抬高，逐渐形成高出两岸的"地上河"。黄河下游河道是世界上著名的"悬河"，河床滩面高出背河地面3~5m，成为长期悬在黄河下游两岸人民头顶的"达摩克利斯之剑"[59]。

2.二级悬河

20世纪80年代以来，由于自然因素和人类活动因素的共同影响，进入黄河下游河道的水沙关系极不协调，造成主河槽泥沙淤积严重，大堤范围内出现"槽高于滩、滩又高于背河地面"的局面，即"二级悬河"（图3-8）。"二级悬河"具有很大的危险性，除了具有沿河道方向的纵比降外，河槽至大堤之间还具有一定的横比降，使得漫滩洪水极易形成"横河""斜河"，顶冲两岸堤防。同时，大堤堤根低洼地带易形成顺堤行洪局面，危及堤防安全，加大堤防冲决的可能。

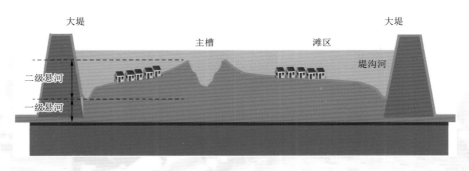

图3-8 黄河下游悬河示意图

三、见证历史的城上之城

开封城，城摞城，地下埋有几座城。河南开封是八朝古都，历史上数次因黄河溃决被淹，今日的黄河河床高出开封地面13m（图3-9）。人们常拿黄河与开封铁塔进行对比，始建于北宋年间

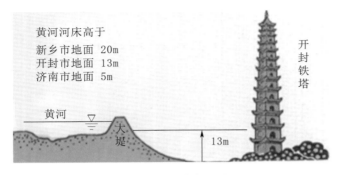

图 3-9　黄河下游河床与开封铁塔高度对比

的开封铁塔，塔高 55.88m，千年来见证了黄河逐步抬升形成悬河的历程。

从开封"城摞城"遗址，也能发现黄河水害的些许踪迹。在开封城的地下 3~12m 处，叠压着 6 座城池（图 3-10），包括 3 座国都、2 座省城和 1 座中原重镇，分别是战国时期魏国大梁城、唐汴州城、五代及北宋东京城、金汴京城、明开封城和清开封城。层层叠压的 6 座古城，见证了数千年来黄河水患给黄河流域民众带来的深重灾难[60]。

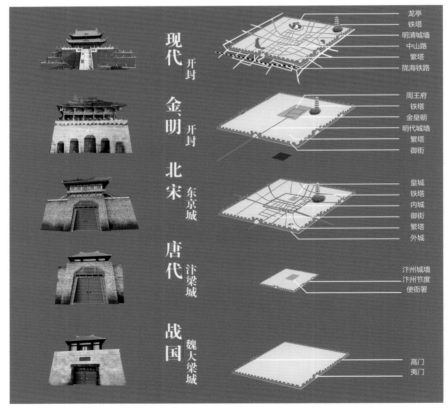

图 3-10　开封"城摞城"示意图

第五节 载入史册的典型洪水

黄河流域报雨制度，滥觞于 2200 多年前的秦代。1000 多年前的北宋天禧年间，人们经过研究，得出"水信有常，率以为准"的规律，把每年几次明显的洪水涨发定为"四汛"，即桃汛、伏汛、秋汛、凌汛。历史上黄河洪水不计其数，如今人们在陈述黄河洪水之害时，常常提起历史上几场较为典型的大洪水。

一、乾隆头疼事，皇帝心头患——1761 年大洪水

清朝版图几经扩张，到乾隆中期，人口空前发展，文治武功走向极盛。然而，这一时期天公不作美，黄河流域暴雨洪水频发，下游堤防接连决口，黄河泛滥成灾，成为大清王朝的心头之患。

乾隆二十六年（1761 年），一场罕见的特大暴雨骤然而至[61]。当年农历七月，黄河中游地区大雨滂沱，汇流如注，暴雨范围覆盖三门峡至花园口区间黄河干流区域以及支流汾河中下游地区。持续十余天的大范围暴雨，致使黄河干流及支流伊洛河、沁河同时涨水。据调查统计，当时花园口断面的洪峰流量高达 32000m³/s，12 天洪水水量达到 120 亿 m³，为典型的黄河特大暴雨洪水。

一时间，黄河下游堤防全线偎水，浊浪翻卷，险象环生。河南省 52 个州县受灾，荥泽、阳武、祥符、兰阳决口达 15 处，中牟杨桥黄河决口坍塌至宽 260 多丈，中牟县城及附近村镇顿成泽国。据清朝《中牟县志》记载，这次决口，"溃我长堤，入我平原，淹我村庄，淤我田畴，澎湃浩荡，横无际涯，数百村庄尽在波涛之内，几万户悉数缥缈之中。"中牟杨桥黄河决口后，主流直趋贾鲁河，由涡河入淮河，沿途淹没民宅无数，良田数十万顷，灾民哭号连天，尸骨遍野。

黄河决口险情由飞马报讯奏至京城，乾隆皇帝大为震惊，急忙派钦差大臣、东阁大学士刘统勋及黄河河督张师载、河南巡抚胡宝泉等，火速赶往杨桥黄河决口处，展开堵口筑堤抗洪救灾。刘统勋是乾隆时期的股肱之臣，也是一位治河专家，此前曾在河道治理中多有建树。刘统勋赶到杨桥黄河决口现场，紧急招募 4 万余民工，筹集堵口料物，投入堵

工程。经过反复勘查现场，决定采用传统的"捆厢进占法"，即用埽工从南北两坝头相向进占，留出龙门口，最后进行合龙。在刘统勋带领下，经过两个月拼力赶工，黄河决口终于成功合龙。为堵塞这次黄河决口，朝廷共耗费黄金30万两。

在这次堵口过程中，还广为传颂刘统勋严惩索贿贪官的故事。当时，为了堵复黄河决口，官府要求每户老百姓必须定额上交"埽工薪木"。于是，数百里以内，老百姓车拉肩扛，日夜兼程，赶往堵口工地上交薪柴。然而，当此河患重灾之际，当地专管收料的县丞，却企图趁机发灾难财，对送料百姓索取贿赂，并对没有钱的贫苦百姓百般刁难，以至于"人马守候，刍粮皆告竭"，人们苦等数日还交不上料物。刘统勋在微服私访中发现了这种现象，不禁勃然大怒。他当即宣布把这位县丞革职严惩，戴枷示众，并令河南巡抚亲自负责接收治河堵口料物。之后，"数千辆料物一日尽收，民皆驱车返矣"。

闻讯黄河决口堵复，乾隆皇帝龙颜大悦，下旨在中牟杨桥修建河神祠一座，并亲自书写《河神祠碑记》和《杨桥口合龙诗》三首，以纪念此次黄河堵塞决口的成功。

二、道光二十三，黄河涨上天——1843 年大洪水

清道光二十三年（1843 年）七月黄河中游发生了一场大暴雨。黄河干流潼关至小浪底河段出现千年来的最高洪水位。根据洪痕高程推算，黄河干流陕县站洪峰流量为 36000 m³/s，并推算此次洪水重现期约为千年。这场洪水在下游漫溢决口，致沿河房屋、农田均被冲毁。黄河潼关至小浪底河段两岸居民对这次洪水灾害的记忆极为深刻，并且仍有许多歌谣流传至今，如"道光二十三，黄河涨上天，冲了太阳渡，捎带万锦滩"等。

有很多历史文献记载了 1843 年洪水涨水时间及涨落的情况。如《三门峡市灵宝县志》中记载："……七月十四日午，黄河暴涨……"陕县附近《平陆县志》记载："……七月十四日洪水暴涨……"等。当时河南巡抚奏折称："因七月十四等日黄水陡涨二丈有余，满溢出槽，以致沿河民房田禾均被冲损……，被洪水浸淹者共二十三州县……"

黄河博物馆中收藏了一件清代文物——1843 年洪水刻记碑（图 3-11）。该文物宽 33cm、高 24cm、厚 17cm，于清咸丰二年由河南省渑池县东柳窝村村民刻制，碑文中写到："……七月十四日河涨高数丈，水与庙檐平……"记载了道光二十三年黄河涨水情况。这块刻石是推算当年洪水流量的重要依据之一。

图 3-11　1843 年洪水刻记碑（黄河博物馆藏）

三、百年之奇变，空前之大灾——1933 年大洪水

　　1933 年 8 月 9 日前后，黄河中游干支流发生特大暴雨洪水，陕县出现洪峰流量 22000m³/s 的洪水，黄河下游出现 50 多处决口，被淹面积 6592km²，受灾 273 万人，财产损失 2.07 亿银元。据《长垣县志》记载："两岸水势皆深至丈余，洪流所经，万派奔腾，庐舍倒塌，牲畜漂没，人民多半淹毙，财产悉付波臣。"

　　这场暴雨覆盖黄河中游大部分区域，且暴雨区内各地至陕县断面的洪水汇流时间接近，致使龙门以上洪水与龙门以下泾、洛、渭、汾等支流洪水遭遇，形成了陕县站峰高量大的洪水过程，5 日洪量达 51.8 亿 m³。另外，暴雨区绝大部分是黄土塬区和黄土丘陵沟壑区，植被条件极差，导致洪水含沙量大，最大 12 天沙量达 21.1 亿 t（陕县站多年平均输沙量为 16 亿 t，成为黄河水少沙多的重要标志）[65]。

有调查表明，这场洪水造成孟津至高村河段淤沙 17 亿 t，滩面普遍淤高 1~1.5m。

1933 年的这次洪水可谓 20 世纪以来最严重的一次洪灾，灾区涉及陕西、河南、河北、山东、江苏等七省 60 余县，其中河北、河南、山东三省受灾最重（图 3-12），尤其是山东处于下游，造成山东 21 县受灾，在三省中受灾面积最大。

国民政府在灾后成立了黄河水灾救济委员会，对灾区进行急赈、工赈和卫生防疫[64]。尽管这次赈济活动有健全的组织和制度，但由于投入太少，成效甚微。这场水灾救济的失败，加重了当时中国的农业恐慌，也反映出国民政府在救灾方面的失败。

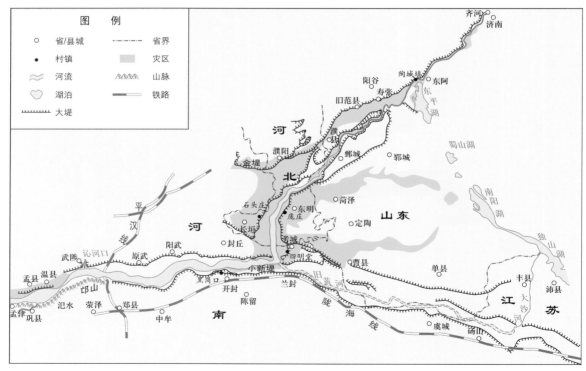

图 3-12　1933 年黄河特大洪灾分区示意图[63]

四、流域普降雨，上下均来水——1958 年大洪水

1958 年 7 月，黄河下游发生了自 1919 年有实测水文资料以来最大的一场洪水。这场洪水的特点是黄河中游和下游均发生强降雨[65]，三门峡以上的中游干流地区、伊洛河和沁河等支流以及黄河下游干流区域均有洪水汇入，干支流洪水在花园口同时遭遇[66]，黄河花园口站 7 月 18 日出现洪峰流量 22300m³/s。

黄河下游河道的特点是河南河段较宽，山东河段较窄，当大洪水向下游河段推进时，东坝头以下全部漫滩，大堤临水，堤根水深达 2~4m，个别地方水深达 5~6m，且持续时间长，对黄河下游造成了较大威胁。横贯黄河的京广铁路桥受到洪水的威胁，交通中断 14 天。据不完全数据统计，山东、河南两省的黄河滩区和东平湖湖区，有 1708 个村庄被淹，74.08 万人受灾，淹没耕地 304 万亩，倒塌房屋 30 万间。

在大水来临的时候，党中央组织河南、山东两省召开防汛紧急会议，组织动员了 200 多万军民上堤防汛，有的每公里上堤人数达 300~500 人。广大军民在"人在堤在，水涨堤高，保证不决口"的战斗口号下，经过不懈努力保住了大堤安全（图 3-13）。在抗洪斗争的关键时刻，周恩来总理也亲临黄河前线，视察水情，指挥抗洪，总署防守。此次洪水被称为"58·7"洪水，洪水过后，黄河下游花园口站的防洪标准被确定为 22000m³/s。

图 3-13　1958 年抗洪抢修子埝

五、伊洛沁并涨，大水携少沙——1982年大洪水

1982年7月29日至8月2日，黄河三花间（三门峡至花园口区间）遭遇大暴雨，局部地区为特大暴雨，山西、陕西区间和泾河、伊洛河、渭河、汾河等支流地区普降大雨到暴雨。三花干流及伊洛河、沁河相继涨水，导致黄河花园口站8月2日18时出现了流量为15300m³/s的洪峰，7天洪水流量达到50.2亿m³[67]。洪水过程中，10000m³/s以上流量持续了52小时。这是人民治黄以来黄河的第二大洪水，简称"82·8"洪水。

本次洪水和1958年洪水相比，主要有以下几个特征：一是洪水含沙量较小。由于本次洪水主要来自含沙量较小的支流地区，花园口站平均含沙量32.1kg/m³，最大含沙量63.4kg/m³。二是洪峰流量比1958年小。本次洪水期间降雨强度和降雨集中程度均较1958年小，且干支流洪水没有遭遇[67]，故洪峰流量相对1958年较小。

虽然没有1958年洪水大，但洪水仍导致了黄河下游滩区进水，其中伊洛河部分河段两岸洪泛区漫决进水，淹没面积约260km²。洪水期间，黄河下游的生产堤决口及人工破除口门共有275个，河南和山东河段的堤防均有洪水偎堤的现象，其中河南段约有59%的堤防偎水，山东段约有47%的堤防偎水[68]。由于洪水含沙量较低，下游河道局部河段发生了冲刷。

六、两峰并一峰，小水成大灾——1996年大洪水

1996年8月，受台风影响，黄河中游晋陕区间、三门峡至花园口区间于7月31日至8月1日和8月2—4日普降中到大雨，局部暴雨，黄河干流小浪底站、支流伊洛河和沁河均发生洪水，干支流洪水传播叠加后在花园口站遭遇，洪峰流量达到7600m³/s，称为"96·8"洪水。"96·8"洪水的特点是洪峰合并，一方面，干支

流的洪峰在花园口相遇，两峰合并为一峰（图3-14）。另一方面，花园口在8月5日和8月13日相继出现两个洪峰，从黄河下游流量过程来看，花园口的两个洪峰演进到孙口

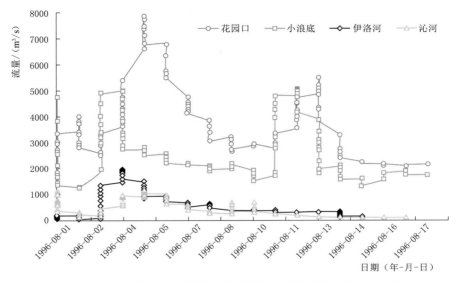

图3-14　干流小浪底站和支流伊洛河、沁河洪峰在花园口站合并为一个洪峰

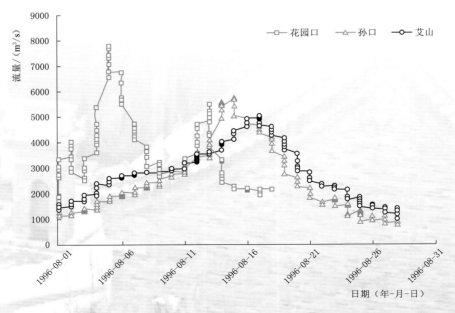

图3-15　花园口站两次洪峰在孙口和艾山断面合并为一个洪峰

至艾山区间又融合为一个峰[69]（图 3-15），洪峰的合并在一定程度上增加了防洪的压力。

"96·8" 洪水从洪峰流量上来看并不大，与 "58·7" 洪水和 "82·8" 洪水相比，洪峰流量大大减小，但是其危害程度却超过了前两次洪水。洪水期间，河南黄河大堤共出现 13 处渗水、坍塌等险情，有 3 处涵闸、虹吸出现裂缝、漏水。河道整治工程有 49 处、508 坝次出险，有 38 处、287 道坝漫顶。据统计，这次洪水共淹没耕地 196.2 万亩，受灾村庄 865 个，涉及人口 105 万人，有 36 万人紧急外迁，直接经济损失 30 多亿元，灾害严重程度超过了 1958 年和 1982 年[70]。

衡量洪水的威胁程度，一方面看洪水的流量大小，流量越大，其威胁程度越大；另一方面，也要看洪水过程中沿程洪水位变化情况，洪水位越高，其发生漫滩、溃决的潜在风险就越大。"96·8" 洪水的流量虽然小于前两次洪水，但由于 20 世纪 90 年代黄河下游河道严重淤积，且淤积主要集中在河南河段，导致河道河槽萎缩、河底高程升高。因此，"96·8" 洪水在流量只有 7600m³/s 的情况下，水位却达到水文记载以来的最高记录[71]，这就是黄河河道泥沙淤

图 3-16　黄河下游花园口河段大堤上标记的历史洪水水位

积的恶果。

图 3-16 为黄河下游花园口河段大堤上标记的历史洪水水位，1996 年洪水流量仅为 1958 年洪水的 1/3，水位却高出 0.91m。2002 年起，黄河小浪底水库开始调水调沙运用，黄河下游河道普遍冲刷，河底高程降低，主槽过流能力增加。2010 年花园口站洪峰流量为 6680m³/s，水位为 93.16m，流量较"96·8"洪水下降近 1000m³/s，水位显著下降（下降 1.57m）。

第四章　治河博弈贯古今

黄河安澜、海晏河清，是饱受黄河之忧患中华民族的千年梦想。历史上，黄河决溢泛滥主要发生在黄河下游，给人们带来了沉重的灾难。一部艰辛的治黄史就是一部治国史，浓缩了中华民族的苦难史和奋斗史。中华民族在几千年治理黄河实践中，形成了一系列的治黄方略。远古时期便有共工和鲧"筑堤"、大禹"疏导"的治河传说，春秋后期齐国开始在黄河下游筑堤防洪。自秦汉以来的 2000 余年，关于黄河治理理论与实践的记载可谓汗牛充栋，闪耀着历朝历代熠熠生辉的治河思想，见证着中华民族艰难的治河历程。纵观整个治河史，千年治黄方略主要就是"束水攻沙"和"宽河滞沙"两种治黄思想的博弈[72]。

第一节 历代治黄方略演变

黄河治理历来是安民兴邦的大事，为了把黄河治好，历代有为君主宵衣旰食，无数河工百姓舍生忘死，书写了一部波澜壮阔的治黄史诗。

一、远古治河——堵与疏

1. 共工和鲧筑堤壅防

早期人们出于自然本能对于洪水主要采取逃避的方法，即所谓"择丘陵而处之"。随着人口繁衍，生产力逐渐发展，人们不再满足于躲避的办法，逐步采取抵挡措施，约束洪水。最早的传说是共工的"壅防百川，堕高堙庳"，即修筑堤防，抵挡洪水，削平高山，充填洼地[73]。对待洪水的态度由逃逸转为防御和抵抗，是一个划时代的转变，是人类文明进程中的一个重大跨越。用土筑堤或修堰等工程措施防御洪水，是人类改造自然最伟大的创举之一，一直被广泛使用至今。尧舜时期的大洪水，鲧采用了与共工相同的方法，"鲧障洪水""鲧作城"，连续奋斗多年，却没有治服洪水，被尧流放致死[74]。

2. 大禹疏川导滞

鲧治水失败后，大禹从鲧治水的失败中汲取教训，改用以"疏"为主、疏堵结合的方法，"疏川导滞""予决九川，距四海"，采用"高高下下"的办法，疏通了河道，加深了泽薮。经过十几年的艰苦斗争，疏通、开凿了许多条河床渠道，终于消除了水患，完成治水大业，造就黄河第一个安流期[75-76]。

大禹治水的主要方法体现在三个方面：一是凿山导水，即"凿龙门，辟伊阙"；二是"播九河"，即疏导黄河下游多条流路入海，这就是传说中的"禹疏九河"（图4-1）；三是"尽力于沟洫"，即开展农田灌溉，利用洪水。

大禹的治水思想和方法被后人概括为"疏导"二字，或更简略为"疏"或"导"；把鲧的治理思想和方法简略为"障"或"堵"。这就是我国最早出现的，也是迄今为止影响最大的一组彼此相对的"治河方略"。

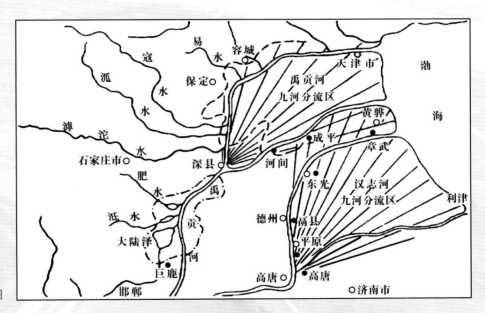

图4-1　禹疏九河图

二、千年博弈——宽与窄

大禹治水后，历朝历代的治水思想均围绕"疏"和"堵"而展开，并以此为中心不断延伸和发展，在不同时期衍生出了不同的治河主张，汇聚成中华民族历史上光辉灿烂的治河思想。

1. 贾让三策——史上最早的治河规划

早在先秦时代，黄河就称"浊河"，汉时更有"河水重浊，号

为一石水而六斗泥"之说。长期以来，在两岸堤防的约束下，大量泥沙在河道内淤积，河床逐年抬高。汉哀帝初年便有"河水高于平地"的记载。这表明，黄河当时已经成为地上河。此外，当时沿河两岸民众围河垦田也相当突出。堤内筑堤的后果是缩窄了河床，进一步加剧了主河槽的淤积。绥和二年（公元前7年），攫取朝政的王莽以哀帝的名义下诏"博求能浚川疏河者"上书治黄方略。

贾让应诏上书，提出了中国历史上著名的"治河三策"。其治河决策的中心是"不与水争地"的原则。上策为"徙冀州之民当水冲者，决黎阳遮害亭，放河使北入海"。这是针对当时黄河已成悬河的形势，提出顺河之性，人工改道，以治河经费用于移民，避免与水争地。中策为"多穿漕渠于冀州地，使民得以溉田，分杀水怒"，即在黄河狭窄段分流，既灌溉了农田，也治理了水患。下策为"缮完故堤，增卑培薄"，即不断加固完善原有河堤。

这三策后来通常被简单地表述为："上策"——改道，"中策"——分洪，"下策"——修堤。贾让三策的提出具有独特的时代背景，是建立在对当时具体情况严密分析的基础上，不是简单地罗列了三种治河"策略"，而是把它们放到一个系统中进行分析。贾让的《治河策》是保留至今我国最早的一篇比较全面的治河文献，"治河三策"吸收了西汉各家治河方略之长，达到了当时治河认识的高度，是历史上最负盛名的成文的治河方略。但可惜的是，"治河三策"只停留在理论层面，并未付诸实践。

2. 王景理渠——规模最大的修堤行动

东汉平帝时，黄河、汴水决口，冲坏河堤。永平十二年（公元69年）夏天，朝廷征调几十万军队，派王景修筑渠道和河堤。王景率卒数十万，顺泛道主流修渠筑堤，完善黄河下游千余里的堤防系统，是历史上规模最大的一次黄河大堤修复工程，使持续数十年的黄河水灾得到平息。

王景创造性地采取了"十里立一水门，令更相洄注，无后溃漏之患"的措施（《后汉书·王景传》）。所谓水门，就是现代的溢流堰。水门用石块砌成，两边与大堤相连，顶高低于大堤，临河面陡而背水面缓。清代魏源认为，沿黄河主槽边的缕堤（内堤）每隔十里建一水门，遇到洪水则浊水从水门向滩地分水分沙，主槽水位低时，主槽外的清水回流至河道（《筹河篇》）。清代刘鹗认为，水门起到分水分沙、淤滩固堤的作用，同时清水回流可起到冲刷河道、稳定主槽、减少黄河游荡的作用（图4-2）。王景治河之后至唐代晚期约800年的时间里，黄河未再发生大的灾害，成为历史上黄河的第二个安流期。

王景独创并实施了极具智慧的治河工程策略，用现代的话讲，王景统观全局来处理各个"分系统"之间的关系，用"系统工程"巧妙地解决了错综复杂的问题。中国现代水利奠基人李仪祉评价王景治河："功成，历晋、唐五代千年无恙。其功之伟，神禹后再见者"，对王景评价之高仅次于大禹。

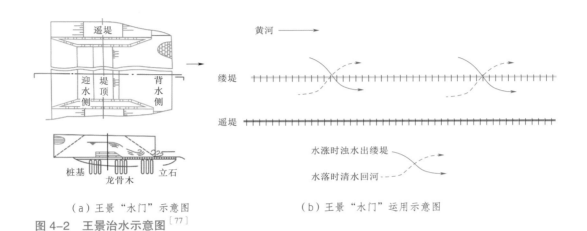

（a）王景"水门"示意图　　　　（b）王景"水门"运用示意图

图 4-2　王景治水示意图 [77]

⟪—— 黄河安澜 800 年 ——⟫

　　王景治河后，黄河安澜 800 年，有人认为这是王景治河的功绩，但也有人认为这和当时的社会背景有关。东汉以后很长一段时间，黄土高原地区这一带经常有战乱，原来的农民迁出，北方的游牧民族迁进来，原来的农垦区变成了牧地，水土流失得到了改善，进入黄河的泥沙少了，河床也不会变高了，黄河就安流了。

3. 贾鲁治河——汛期堵口的治河奇迹

元代黄河决口次数多、淹没范围广，朝廷进行了持续的治河实践，其中影响较大、效果明显的是元顺帝时期的贾鲁治河。1344 年 5 月，黄河决堤，河水在山东等地冲破了河堤，甚至漫过了京杭大运河，漕运和盐场两大国家命脉出现问题，朝廷内对于治水问题一直争论不休，导致河患多年未堵，灾情不断扩大。

至正十一年（1351 年），贾鲁被任命为工部尚书兼总治河防使，征民工 15 万人及兵卒 2 万人，开始了规模浩大的治河工程。贾鲁采用的治河策略是"疏塞并举、挽河东行、使复故道"，即疏（分流）、浚（浚淤）、塞（拦堵）三法并举，综合治理。

首先疏浚故道并开挖新河，分洪泄涨，以确保决口合龙后堤防的安全。然后依据先堵小口、后堵大口的原则进行堵口，挽河回归故道。堵口时正逢秋汛，水流很急，贾鲁利用沉船法，在口门排了 27 条载有散草和石头的大船，依次下沉，层层筑起"石船大堤"，然后用卷埽压厢，最后实现河复故道。贾鲁治河自四月开始，十一月大河归故，创造了汛期堵口的奇迹[78-79]。

4. 束水攻沙——防洪减淤的有机结合

元末明初，由于新旧朝代的交替，黄河一度失修，明朝初期河患逐步加重，因此，治河实行北堵南分。北堵，即在黄河北岸修建一条力求坚固的长堤，防止黄河北决和北迁。南分，即让黄河分道南下，沿贾鲁河老河道以及涡水、颍水等，循淮河东入黄海。从短期看，北筑堤、南分流确实有利于保漕和排洪，也取得了一定的成效。

但是，黄河的问题不仅表现为严重的水患灾害，而黄河水少沙多，泥沙堵塞河道是黄河复杂难治的根本。明朝后期，这个问题充分暴露出来，黄河下游决口频繁，洪灾沙害空前严重。在这种情况下，涌现出刘天和、朱衡、万恭、潘季驯等著名治河人物。特别是潘季驯提出的"束水攻沙"治河方略，从过去单纯的防洪转移到注重输沙能力提升上来，将防洪与减淤相结合，这是治河方略和认识上的一个重大转变，对后世治河产生了深远的影响。

明嘉靖四十四年（1565 年），潘季驯被任命为总理河道，提出了"开导上源，疏浚下流"的治理方案，不久因母亲去世而离职。隆庆四年（1570 年），潘季驯再次出任总理河道，役使丁夫五万，堵塞决口，河归正槽，但因遭人弹劾被削职为民。万历六年（1578 年）潘季驯第三次走马上任，兼管河道与漕运。这次大规模的治河主要以束水攻沙的理论做指导，结合治河实际，创造性地将堤防工程分为缕堤、遥堤、格堤、月堤四种。

遥堤相当于现代的黄河大堤，缕堤、格堤和月堤相当于现代的控导工程和生产堤等。缕堤沿河道而筑，束狭河道、固定河槽，借水力冲刷河床。遥堤是在缕堤外"或一里余或二三里"所建堤防，防范缕堤溃决，所谓"重门待暴"。格堤和月堤为缕堤与遥堤之间的横向和月牙形堤防，在缕堤溃决时"遇格即止""遇月即止"。"水退，本格之水仍复归漕，淤留地高"，使泥沙沉积于两堤之间以加固堤防，清水回归大河以加强攻沙力量（图4-3）。这次治河，形成了"筑堤束水，以水攻沙，蓄清刷黄"的治理方略，潘季驯建立起了较完整的防洪体系，此后的10余年间黄河未发生大的决溢，一度取得了河道稳定、行水通畅的局面[80]。

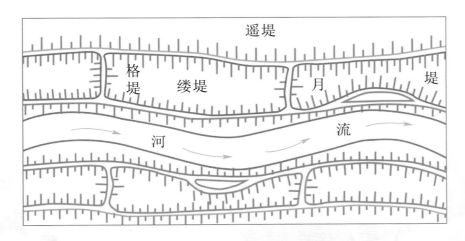

图4-3　潘季驯治河示意图

—— 潘季驯的《河防一览图》 ——

《河防一览图》，又名《两河全图》《全河图说》，是明代治河名臣潘季驯于万历十八年（1590年）组织同僚绘制的。全卷纵43cm、横2010cm，详细展示了万历十六年至十八年（1588—1590年）间黄、运两河及相关河道的堤防修治等情况，充分体现了潘季驯一生治理黄河、运河的经验。本图为《河防一览图》局部（图4-4），现存于中国国家博物馆。

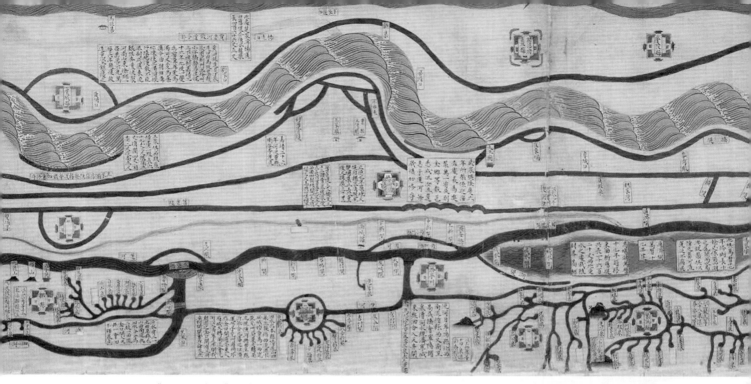

图 4-4 《河防一览图》局部

5. 靳辅、陈潢——疏浚筑堤与河运分离

明清之际，黄河堤防失修，洪水及决口灾害日益严重。据统计，从顺治元年（1644 年）到康熙十五年（1676 年）的 33 年中，发生严重决口的竟有 23 年。豫东、鲁西、冀南、苏北等地洪水横流，南北漕运一再中断。康熙十六年（1677 年），清政府任命靳辅为治河总督，主持治理黄河和运河。陈潢是靳辅的幕僚，平时重视调查研究，知识渊博。靳辅、陈潢治河，主要措施与潘季驯基本相同，即筑堤束水，以水攻沙。

陈潢提出"放淤固堤法"，对河堤薄弱段，"建设涵洞，引黄灌注"。当时黄河两岸决口 21 处，靳辅、陈潢采取先易后难的原则，对较小的决口先行堵塞，然后集中力量堵塞大的决口。在河身狭窄的地方，开渠引水，调节河水流量，把河水引入河面较宽的正河中去，"使暴涨随减，不致伤堤"。同时，开挖运河河道疏通漕运。从康熙十七年至二十二年，靳辅完成了他的治河使命。

自元明以来，徐州以南至清口的大运河段均借黄河河道通漕，每遇黄河决溢，往往造成运河河道淤浅堵塞，影响漕运。靳辅和陈潢提出了"河运分离"的策略，实施了使漕运避开黄河之险的中河工程，在北岸的遥、缕二堤之间开新河，将大运河与黄河河道彻底分离。该策略既消除了黄河决溢对运河河道的影响，又减少了运河漕运对黄河治理的钳制，这是清代治河的一大举措和重大进步[81]。

三、流域治理——上中下

1. 黄淮运通盘考虑

《清史稿》保留了丰富的水利史料，分别在列传和志中有所体现。其中，"传"主要是以人物为主线，记载清代的治河名人，列传中记载篇幅最多的是靳辅。靳辅最著名的事迹是他向康熙皇帝就治河问题连上八道奏折，史称"治河八疏"。"治河八疏"就是将黄河、淮河、运河视作一个整体，通盘考虑防汛、减灾、通航、漕运等事宜。靳辅著有《治河方略》，为后世治河提供了重要的借鉴。

2. 上中下游统一治理

民国时期，以李仪祉、李赋都、张含英等为代表的许多知识分子致力学习西方的科学技术，献身于黄河治理事业。李仪祉于1933—1935年任黄河水利委员会委员长，是我国现代水利科学技术的开路人和奠基者，被誉为"中国近代水利之父""近代治黄先驱"。他通过借鉴并引入西方先进的现代水利科技，对黄河进行广泛的勘测研究，制订治黄方略，认为黄河的症结是泥沙，强调上、中、下游统一治理，防洪、航运、灌溉和水电兼顾，改变了几千年来单纯着眼于黄河下游的治水思想，使我国治黄方略走向一个新的发展阶段。李仪祉对黄河治理进行了深入研究，留下了《黄河之根本治法商榷》《黄河治本的探讨》《黄河水文之研究》《黄河治本计划概要叙目》《治河略论》等专著。

李赋都出身水利世家，是李仪祉之侄，于1955年起任黄河水利委员会副主任兼黄委会水利科学研究所所长，1978年任黄河水利委员会顾问。他主张黄河的治理与开发应当始终把泥沙问题放到首位，要特别重视和大力开展黄河中游水土保持工作，并提出治理沟壑的"万库化"设想，主张黄河下游要进行河道整治，固定中水河槽。在长期的实践过程中，李赋都逐渐形成了自己的一套治河思想。主要著述有《黄河问题》《河流总论》《黄河

治理问题》《泥坝的拦泥作用》《黄河下游河床演变和河道治理问题》《黄河中游水土流失地区的沟壑治理》《治河与泥沙》等。

3.《黄河治理纲要》

《黄河治理纲要》是新中国第一部治黄规划，由著名的水利专家张含英撰写。这篇水利著作，是张含英先生20余年研究黄河问题思想精华的总结提炼，也是其治理黄河主张的全面系统阐述，特别是"全面治理，综合开发，兴利除害"的治理思想和技术措施，至今仍具有现实的指导意义。

张含英先生一生坚持治理黄河必须全河立论，不应只就下游论下游。他认为黄河防洪的重点在下游，上中游的泥沙控制和陕县、孟津之间的兴建拦洪工程，对下游防洪都是有效的办法，黄河河口的治理也应列入计划。他提出"黄河中游之托克托—孟津峡中，可以建水库，节蓄洪水，但将洪峰节除，便可无害于下游"，详尽阐述了中游修水库调节洪水与下游河道整治、安全泄量和分滞洪水的整体安排等防洪措施。他把黄河流域看作一个整体，提出上中下游统筹、干支流兼顾、除害兴利结合、多目标开发，促进全流域经济、文化、社会发展作为治河目标的规划思想，促进了治黄方略的进步，对后来逐渐形成的"上拦下排，两岸分滞"治河方略影响颇深。

四、系统调控——水与沙

（一）治水治沙的统一

新中国成立后，面对千疮百孔的黄河，治黄史上的实践大师王化云义无反顾地挑起重担，并为他挚爱的治黄事业奉献了毕生精力。王化云是人民治黄的先驱和探索者，在治理黄河的战线上工作40余年，先后提出了"宽河固堤""蓄水拦沙""上拦下排，两岸分滞""调水调沙""拦、用、调、排"综合治理等，形成了一整套治黄方略，并在一代又一代治黄人的实践探索中逐步得到完善。

（1）宽河固堤。1947—1949年汛期，黄河下游堤防险象丛生。通过分析黄河决口频繁的原因，王化云提出了"宽河固堤"的治理方针。1950年，黄河水利委员会开始采取"宽河固堤"的治河方略治理黄河下游河道，实施了加培大堤、整修险工、废除民埝、开辟滞洪区等防洪工程建设，初步改变了下游的防洪形势。

（2）蓄水拦沙。通过对中国古代治河方略的总结，结合深入调查研究，王化云初步认识到黄河"上冲下淤"的客观规律。1953年，他提出了"蓄水拦沙"的治河方略，要求把治黄重点转移到黄河中上游；提出在三门峡修筑高坝大库，同时为了拦截进入三门峡水库的泥沙，在无定河、延水、泾河、洛河、渭河等支流修建10座水库，并在黄土高原地区进行大规模的植树造林、修筑淤地坝等水土保持工作。

（3）上拦下排，两岸分滞。1975年8月，淮河流域发生特大暴雨，造成严重灾害，黄河水利委员会在对淮河流域洪水进行分析的基础上，提出了处理特大洪水的方略——"上拦下排，两岸分滞"。"上拦下排"就是"在上中游拦泥蓄水，在下游防洪排沙"，"两岸分滞"就是在"上拦下排"的基础上通过修建滞洪区来应对大洪水。在这一方略指导下，拟在花园口以上兴建小浪底水库，削减洪水来源，改建北金堤滞洪区，对东平湖围堤进行加固，加大位山以下河道泄量，使洪水畅排入海。

（4）"拦、用、调、排"。1986年，王化云总结40年的治黄经验，概括提出了"拦""用""调""排"四字治河方略。"拦"就是在中上游拦水拦沙，通过水土保持和干支流水库的死库容拦截泥沙；"用"就是用洪用沙，在上、中、下游采取引洪漫地、引洪放淤、淤背固堤等措施；"调"就是调水调沙，通过修建黄河干支流水库，调节水量和泥沙，变水沙不平衡为水沙相适应，达到下游河道减淤的效果；"排"就是排洪排沙入海[82]。

（二）系统治理的实践

在无数治黄前辈们呕心沥血下，治黄方略经过长期实践，不断凝练和完善，促成了现代治黄方略，在防洪治沙、水量统一调度、河道整治等方面形成了一套科学、系统的治河方略。

1. 防洪治沙

1954年《黄河综合利用规划技术经济报告》中，提出了"从高原到山沟，从支流到干流，节节蓄水，分段拦沙，控制黄河洪水和泥沙、根治黄河水害、开发黄河水利"的总体布局，在龙羊峡以下河段规划了46座梯级工程。1997年完成的《黄河治理开发规划纲要》将龙羊峡以下河段的梯级工程调整为36座。2002年国务院以国函〔2002〕61号文批复《黄河近期重点治理开发规划》，进一步明确了"上拦下排，两岸分滞"控制洪水和"拦、排、放、调、挖"处理和利用泥沙的基本思路。

长期的治黄实践过程中，泥沙调控、处理的手段与能力也在不断升华。2002年，以李国英为代表的治黄人，利用小浪底水库开展了调水调沙试验，在改善小浪底水库库区淤积形态的同时，增加黄河下游平滩流量。至今已先后开展了近20次调水调沙运用，黄河下游河道河段的最小平滩流量由2002年的1800m³/s增加到了2023年的5000m³/s。2007年黄河水利委员会组织开展《黄河流域综合规划》修编，将"拦、排、放、调、挖"修编为"拦、排、调、放、挖"，充分认可了"调"的作用[83]。

2.水量统一调度

黄河天然径流量远小于长江、珠江等河流，但其承担的泥沙输送、社会经济发展、生态保护等任务繁重，黄河以仅占全国2%的河川径流量承担着全国15%的耕地和12%人口的供水任务[84]，同时还承担着向流域外部分地区远距离调水的任务。水资源管理是维持黄河健康的关键手段。自20世纪70年代以来，随着黄河两岸地区经济社会发展，社会各方对水资源的需求量急剧增加，水资源供需矛盾日益突出。

为缓解黄河流域水资源供需矛盾，1987年国务院颁布了我国大江大河首个分水方案——《黄河可供水量分配方案》，又称"八七"分水方案[85]，明确黄河流域正常来水年份天然径流总量580亿m³，沿黄各省（自治区）和流域外的河北省、天津市共分配用水指标370亿m³，剩下的210亿m³用于输沙和生态用水。对黄河流域各省（自治区）用水量的分配，成为黄河流域水资源管理和调度的依据，极大地推动了黄河水资源合理利用及节约用水，对全国江河水量分配起到示范作用。

但由于缺乏统一调度管理，加上超量无序用水，每年春夏之交灌溉用水高峰之际，受上中游取水影响，黄河下游时常断流（图4-5、图4-6）。1972—1999年，黄河有22年出现河干断流，最严重的

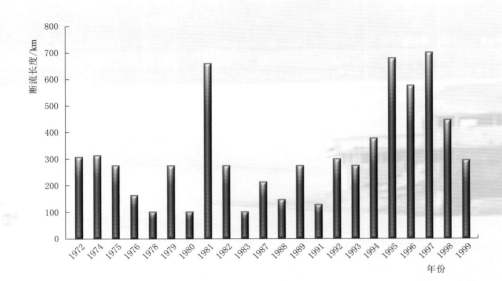

图 4-5　黄河下游断流长度

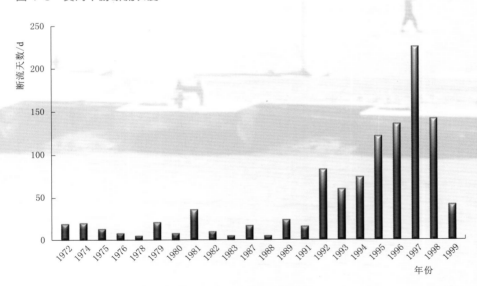

图 4-6　黄河下游断流天数

是 1997 年下游利津站断流时间长达 226 天，河口地区 330 天无水入海（图 4-7），断流河段曾上延至河南开封附近，断流河段长达 704km，约占黄河下游河道长度的 90%。黄河重要支流断流也有加剧趋势，在天然径流量大于 10 亿 m³/a 的 7 条支流中，汾河、渭河、

图 4-7　1997 年黄河断流后济南泺口铁路桥河段情景

伊洛河、沁河、大汶河等 5 条支流均出现过断流[86]。

　　断流也对生态系统造成了严重破坏。黄河河口湿地萎缩、海水入侵及近海生态恶化，入海水量由 1970 年的 353.6 亿 m³ 锐减至 2000 年的 48.6 亿 m³，下游河流湿地及洪漫湿地分别减少 46%、34%，渤海浅海海域失去重要的饵料来源，生物链发生断裂，干流鱼类资源由 125 种减少到 47 种，流域水生态失衡加剧[87]。

　　1998 年，中国科学院和中国工程院的 163 位院士联名签署向全社会发出"行动起来，拯救黄河"的呼吁（图 4-8）。

　　为缓解黄河流域水资源供需矛盾和黄河下游频繁断流的严峻形势，经国务院批准，1998 年 12 月，国家计委、水利部联合颁布实施了《黄河水量调度管理办法》，授权黄河水利委员会统一调度黄河水量，这在我国七大江河流域中首开先河。通过黄河干支流水库联合调度，合理地安排水库蓄泄，最大限度地兼顾各种用水需求。

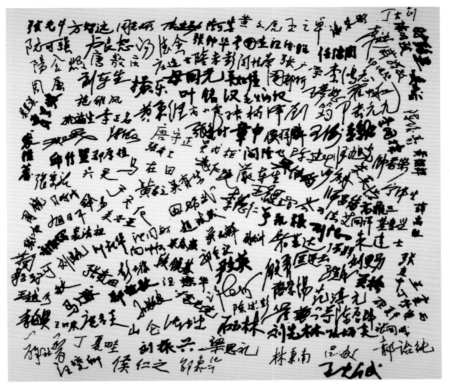

图 4-8 黄河下游河道断流后，163 位院士联名签署呼吁"行动起来，拯救黄河"

  黄河水量调度实行年度水量调度计划与月旬水量调度方案和实时调度指令相结合的调度方式。每年 10 月下旬，黄河水利委员会依据"八七"分水方案、《黄河流域综合规划》（2012—2030 年）和长期径流预报、骨干水库蓄水量，按照同比例丰增枯减等原则，分配年度黄河可供水量和各省区用水指标。

  自黄河实施水量统一调度以来，已实现了连续 22 年不断流[88]。2000—2018 年，黄河花园口多年平均天然径流量为 461 亿 m^3，较多年同期偏少 13%，其中 2000—2002 年连续 3 年来水均偏枯 30% 以上，虽然比断流最严重的 1997 年来水还少，但均实现了不断流，彻底扭转了 20 世纪 80—90 年代黄河频繁断流的局面，保障了流域供水和生态安全。

近几年来，在保障不断流的基础上，黄河水量调控的范围与目标得到了巨大提升。黄河水量调度范围从干流部分河段扩展到全干流和重要支流，从非汛期延伸到汛期，更加注重生态用水保障，提出了黄河流域重要河段和断面的生态需水指标体系。

3. 河道整治

黄河下游河道整治工程已有 300 多年历史。新中国成立以后，针对黄河开展了大规模河道整治，尤其是自 1974 年以来，开始有计划、有步骤地进行游荡性河道整治，修建了大量的控导工程，在确保下游防洪安全中起到了重要作用。进入 21 世纪，黄河河道整治工作进一步深入推进，包括标准化堤防建设、游荡性河段河道整治、黄河下游防洪工程建设等，经过 70 多年的建设，过去残破不堪的黄河下游堤防发生了脱胎换骨的变化，如今的千里堤防成为黄河下游防洪安全可靠的安全屏障。

河流流量的大小，习惯上分为洪水、中水、枯水，在一个较长的时段内又会出现枯水系列、丰水系列。洪水整治是以洪水为整治对象，保证洪水期两岸的安全；中水整治是为了形成一个比较稳定的中水河槽；相对洪水期和中水期，枯水期的时间较长，尤其是以黄河为代表的我国北方河流，一年内枯水的时间会更长，因此，枯水整治也是河道整治的重点。

长期以来，黄河的河道整治以防洪为主要目的。1999 年小浪底水库建成投入运用后，黄河发生大洪水的概率减少，通过水库的调控，进入黄河下游的中小流量过程显著增加。在开展新的河道整治工程时，既要考虑较大的洪水过程，也要兼顾中小流量过程，使河道整治工程能够在一定时期内，最大限度地适应不同的水沙条件。为了应对不同量级的流量，治黄专家提出了兼容"洪—中—枯"等不同流量的"三级流路"控制技术，包括大水流路、中水流路和小水流路。

❀—— 洪—中—枯兼顾的"三级流路" ——❀

（1）大水流路。洪水可漫过潜坝上滩行洪，不影响滩区滞洪沉沙及漫滩水流归槽等滩槽水沙交换。

（2）中水流路。按照设计流路运行，稳定主槽，塑造高效排洪输沙通道。

（3）小水流路。通过下延潜坝解决排洪河宽限制问题，适当加大送流段弯曲率和工程长度，以加强对小水的导流、送流效果。三级流路同时兼顾中水和大洪水，达到稳定河势的目的（图 4-9）。

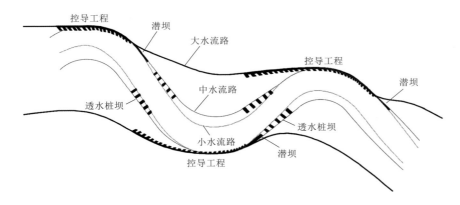

图 4-9 "三级流路"整治示意图

历史上，随着治河实践的发展和时代需求，治河管理机构也走过了一条从无到有，逐步发展完善的道路。明代以前，黄河的修守主要由地方官员负责，朝廷派遣的官员只是巡视督导，没有统一完整的治河机构。明代以后，朝廷设立了专门的治河机构，逐步加强了对黄河的综合治理。

一、明代以前

相传公元前 21 世纪以前，舜即位，命大禹为司空负责治水，自此开启了中国特设水利官员的历史篇章。春秋战国时期，增设水官、都匠水工等，负责治河、开渠事宜，治河机构逐渐扩大。

秦汉两朝均设立了都水长、丞，掌理国家水政。尤其汉朝，在太长、少府、司农、水衡都尉等官职、部门属下，都设有都水官。由于都水官数量多，汉武帝特设左、右都水使者管理都水官。至汉哀帝才罢免都水官和都水使者，并设河堤谒者。沿河地方郡县官员都有防守河堤职责。修守河堤动员人数，有时多在万人以上。汉武帝以前（公元前 140 年以

前），"都水使者居京师以领之，有河防重事则出而治之"。到了汉成帝建始四年（公元前29年），以王延世为河堤使者，开始设立治河专官。

魏晋以来，治河机构仍承汉制，但由于战事频乱，政府对河事的重视程度以及河官的地位已远不能与汉代相比。除设都水使者、河堤使者、河堤谒者、水衡都尉外，水部下又有都水郎、都水从事等，但是这些官员的职位都不高，后来逐渐减少，甚至有时只剩一人，治河机构大量缩减。晋人傅玄曾说："河堤谒者，一人之力，行天下诸水无时得遍。"[89]

隋初有水部侍郎，属工部，下设都水台。隋文帝改都水台为都水监。隋炀帝又改为都水使者，此后又改为都水监，并加设少监一名，后改监为令，统舟楫、河渠两署令。

唐代比较重视治河和水利工程，除在尚书省工部之下专设水部郎中、员外郎以外，又设置都水监。龙朔二年（662年）改水部为司川，至咸亨元年（670年）又复故，而河堤谒者仍专司河防，以下又增添典事三人、掌固四人。唐代的地方官员都有治河修守的职责，治河主要依靠地方政府。

五代时期，黄河决溢频繁，治河机构略有加强。后唐时（923—936年）除设河堤使者以外，又设水部、河堤牙官、堤长、主簿等。后周显德时（954—959年）并设水部员外郎等。但由于频繁的战争，这个时期"以水代兵"又成为惯用的法宝，人为决口事件不断发生。

北宋河患加剧，统治者更加重视黄河，治河机构也因此扩大，在黄河下游形成了专职河官与地方河官相结合的河防体系。"廷臣有奏，朝廷必发都水监核议，职责十有八九皆在黄河"[90]，都水监几乎为黄河专设。沿河地方设置有多种兼职、专职官员，各州长吏也都管黄河，另外还有一些临时性治河机构。随着北宋河工堤防埽坝技术的发展，河工队伍逐渐壮大，并渐渐形成了长期、固定的治河专业性技术队伍，常年驻守在黄河上。

金代治河机构仿宋制，设都水监，并在尚书省下设工部，置侍郎1员、郎中1员。宣宗兴定五年（1221年）另设都巡河官，掌巡视河道、修完堤堰、栽植榆柳等，其管理职责更为广泛具体。沿河地方官员也都兼理河务。大定二十七年（1187年）世宗命下令"添设河防军数"，在下游沿河设置25埽（6埽在河南，19埽在河北），每埽设散巡河官1员，共有河防兵1.2万人，规模宏大。

元代工部设侍郎、员外郎、都水监掌管治理河梁和堤防、水利、桥梁以及闸堰，另设河道提举司，专管治理黄河。至正六年（1346年）置山东、河南都水监，以专堵疏之任。

二、明清时期

明代工部下仍设水部，由郎中、员外郎主管河渠水利。明代治河兼治运，永乐时令漕运都督兼理河道。成化七年（1471年）以王恕为总理河道，为黄河设立总理河道之始。至此，黄河治河机构形成了一个垂直系统，从中央到地方顺序为：总理河道、各司道管河官、各州县管河官。沿河各省巡抚及以下地方官也都负有治河职责，其治河机构和修防管理制度愈见完备。

由于朝廷的重视，清代治河机构在明代体制上又有所发展。河道总督本隶属工部，但可直接授命于朝廷。顺治元年（1644年）河道总督驻济宁，管理黄、运两河。康熙十六年（1677年）移驻清江浦（今江苏淮阴市）。雍正二年（1724年）设副河道总督，驻河南武陟。雍正五年（1727年）副河道总督分管河南、山东两省黄、运河务。雍正七年（1729年）分设江南河道总督和河南山东河道总督（又称河东河道总督），两河道总督兼兵部尚书右都御史衔。乾隆四十八年（1783年）改兼兵部侍郎右副都御史衔。此外，清代的河防营制度，使黄河修防制度更加严密。咸丰五年（1855年），黄河在铜瓦厢改道，咸丰十年（1860年）江南河道总督撤销，光绪二十四年（1898年），裁东河河道总督，不久又恢复，4年后再次裁去，从此再无河道总督之设[91]。黄河河务治理由各省巡抚兼理，下游直、鲁、豫3省设河防局，黄河下游河务又走向分散管理。

三、民国时期

民国以后，下游3省河防局改为河务局，由各省政府直接领导。1933年9月1日，国民政府成立黄河水利委员会，直属国民政府，掌管黄河干流及渭、洛等支流的兴利防患以及施工。黄河水利委员会的成立，是治河机构的一次重大改革。这是黄河上第一次成立的流域管理机构，它打破了历史上单一进行下游修防的格局，开始进入对黄河上、中、下游综合治理的阶段。

1935年4月，当时全国经济委员会以水字第44000训令，先将豫、鲁两省的黄河河务局分别改为黄河水利委员会驻豫、驻鲁修防处，下游豫、鲁、直3省河务由黄河水利委员会统一管理。5月，又以水字第45679训令改驻豫修防处、驻鲁修防处为河南修防处和

山东修防处。自此，治河机构走向统一。

1947 年，黄河回归故道后，行政院改组黄河水利委员会为黄河工程局，次年改称黄河水利工程总局。1948 年 12 月，黄河水利工程总局及其下属机构被中国共产党冀鲁豫区黄河水利委员会接管。

四、人民治黄

1946 年 2 月成立的中国共产党冀鲁豫黄河故道管理委员会，翻开了人民治黄的新篇章，现今的水利部黄河水利委员会便起源于此，当时的冀鲁豫行署主任徐达本兼任黄河故道管理委员会主任。1946年 5 月，黄河故道管理委员会改称冀鲁豫区黄河水利委员会，由王化云任主任。1949 年 6 月，中共解放区成立黄河水利委员会，由王化云任主任。中华人民共和国成立后，黄河水利委员会改为水利部直属。

1949 年经机构调整，重新组建的黄河水利委员会，下设山东和河南黄河河务局，之后又陆续增设三门峡水利枢纽工程局、规划设计院、黄河上中游治理局、泥沙研究所和引黄灌溉试验站等单位。其中黄河水利委员会泥沙研究所成立于 1950 年 10 月，是基于人民治黄的迫切需求而成立的。由于黄河泥沙淤积严重，为解决泥沙问题而专门成立了科研机构，之后经不断发展、壮大，学科门类日趋完善，后更名为黄河水利科学研究院（图 4—10）。历经 70 多年的发展，已成为以河流泥沙为中心的多学科、综合性科研机构，是全国水利系统非营利性重点科研单位。

1989 年 6 月，黄河水利委员会升为副部级机构。同年 10 月，山东、河南黄河河务局所属的修防处、修防段更名为河务局。经过 70 余年的改革创新发展，黄河水利委员会已成为机构设置完备、技术力量雄厚、具有丰富治河经验的大型治河流域机构。

图 4-10　坐落于河南郑州顺河路上的黄河水利科学研究院

第三节　黄河治理典故

　　黄河古时被称为"四渎"之宗，百河之首。治理黄河，历来是安邦定国的大事。历代先民为治理黄河水患进行了长期不懈的斗争，发生了很多闻名遐迩的治河故事及历史传说，对民族精神、国体命运等产生了重要影响。

一、中流砥柱——中华民族不屈不挠精神的象征

　　"中流砥柱"原指立于黄河之中的砥柱山。关于砥柱山的来历有两种说法，一种说法是大禹治水劈开大山，形成三门，中曰神门，南曰鬼门，北曰人门，山在激流中矗立如柱，

故名中流砥柱（图 4-11）。北魏郦道元在《水经注·河水四》中写道："砥柱，山名也，昔禹治洪水，山陵当水者凿之，故破山以通河，河水分流，包山而过，山见水中若柱然，故曰砥柱也。"

另一种说法来自一位老艄公的传说。传说很久以前，黄河上的一位老艄公率领几条船只驶往下游，船行到神门河口，突然天气骤变，刹那间峡谷里白浪滔天，雾气腾腾，看不清水势，辨不明方向。老艄公驾船穿越神门，眼看小船就要被风浪推向岩石。老艄公大喝一声："掌好舵，朝我来！"说完便纵身跳进了波涛之中。船工们还弄不清是怎么回事，就听到前面有人高呼"朝我来，朝我来！"原来是老艄公站在激流当中为船导航。老艄公引导小船离开险地，自己却变成了一座石岛，昂头挺立在激流中，为过往船只指引航向。因此，人们把这座石岛叫"中流砥柱"，也叫"朝我来"。

公元 638 年，唐太宗李世民到此，写下了"仰临砥柱，北望龙门；茫茫禹迹，浩浩长春"的诗句，命大臣魏征勒石于砥柱之阴。著名书法家柳公权也为它写了一首长诗，其中有"孤

图 4-11　三门峡水利枢纽与中流砥柱（黎秋野　摄）

峰浮水面，一柱钉波心。顶住三门险，根连九曲深。柱天形突兀，逐浪素浮沉"等佳句。

黄河水从三门峡汹涌东下，以万马奔腾之势，直对砥柱山冲去，而这根高大的"石柱"却迎着险恶水势，巍然屹立，毫不动摇。因此，常用"中流砥柱"来比喻在艰难险恶动荡的环境中起巨大支持作用的力量和人物。中流砥柱已不仅仅是黄河上的一个标志，早已成为中华民族不屈不挠精神的象征，古往今来，传承千年。

二、瓠子堵口——皇帝亲历的堵口行动

历朝历代，上自皇帝下至黎民百姓都十分重视黄河的治理。然而，皇帝亲自参与河道治理并亲自指挥黄河堵口，在历史上仅有一次，那就是发生在汉武帝时期的瓠子堵口。

汉武帝时，黄河在瓠子（今河南濮阳西南）决口。洪水向东南冲入钜野泽，泛入泗水、淮水，淹及十六郡，灾情严重。先后有汲黯、郑当时堵口，都没有成功。丞相田蚡为了私利，反对堵口，说河决是"天意"，不能靠人力强塞。23 年后，朝廷再下决心堵塞决口。这次堵口汉武帝亲帅群臣参加，沉白马、玉璧祭祀河神，官员自将军以下背柴草参加施工，工程十分艰巨。

史载，治河工地，十余万大军，群情昂扬，歌声慷慨悲壮，经过几番争斗终于堵住了瓠子决口。为了堵口，淇园（战国时卫国著名的园林）的竹子也被砍光以应急需。堵口采用的施工方法类似近代"桩柴平堵法"，即在决口处先用大竹间隔打下基桩，然后填塞柴

> ### ❧—— "水利"的由来 ——❧
>
> 瓠子堵口期间担任史官的司马迁，也是负薪堵口官员队伍中的一员。这次堵口给他留下了刻骨铭心的印象。这一特殊经历，直接促使司马迁在《史记》中开辟《河渠书》，成为《史记》"八书"之一，也是我国第一部水利通史（图 4-12）。他感叹道："甚哉，水之为利害也！余从负薪塞宣房，悲《瓠子》之诗而作《河渠书》。"《河渠书》梳理了自大禹到汉武帝时代中华先民防治水患、开发利用水资源的壮阔历史。在《河渠书》中，司马迁首次使用了"水利"一词，明确给予"水利"一词以防洪治河、灌溉修渠等含义，开创了沿用至今的"水利"概念。人们所熟知的"禹抑洪水十三年，过家不入门"这句话，起源于《河渠书》开篇，流传至今，脍炙人口。这是中国水利史志的奠基之作，具有重要的历史意义和学术价值。

图 4-12　《史记·河渠书》关于汉武帝瓠子堵口记载的书影

草使水流变缓，再插石填土截断水流。瓠子决口堵住了，黄河又流入大禹治水时的旧道，重新获得安宁。

汉武帝有感于河道决口长期没有堵复，堵复中又经历了许多曲折，乃作《瓠子歌》两首，记述了决口造成的巨大灾难、堵口工程的艰巨和堵口采取的措施。瓠子堵口成功后，在堵口处修筑"宣防宫"以作纪念。

三、贾鲁治河——影响政权的治河事件

历史上，黄河治理不仅关系到水的问题，在技术落后的时代，黄河治理需要动用大量的人力、物力和财力，这些资源利用得好就能为民造福，反之，则会产生意想不到的后果。

1. 贾鲁河的来历

元朝末年，黄河决口频繁。至正十一年（1351 年），55 岁的贾鲁受命于危难之际，出任工部尚书兼任总治河防使，征发河南、

山东 17 万民工与士兵，开始浩大的治河工程。经过艰苦卓绝的努力，最终堵住了决口，平息了多年的水患。在这次治理黄河过程中，贾鲁从今郑州新密开凿了一条新的引水河道，经郑州、中牟向南到开封，而后通过古运河入淮河，这就是今天贾鲁河（图 4-13）的流向。为了纪念这位著名的治水专家，人们将这条运河称为"贾鲁河"。

图 4-13　今日的美丽河湖——贾鲁河

2. 恩多怨亦多

当时政治局势不稳定，河南、山东地区"河失故道，民遭其殃"，湖广、河南、山东各省"强盗纵横，至三百余处"。前去治水救灾的官员到了当地后，召集人马干活，但大家的口粮经常被官府克扣，参与治河的民工们常常饿着肚子，没有吃过一顿饱饭，这让大家忍无可忍，骂声一片。蓄谋多年而欲举大事的韩山童、刘福通等便抓住了这个时机，他们"凿石人，止一眼"，镌其背曰："莫道石人

一只眼，此物一出天下反。"韩山童等人事先偷偷将石人埋在河滩中，突然有一天，一群民工呼哧呼哧地从河底挖出来一座石人，而且还是一只眼睛的，这群民工反抗元朝的情绪一下子被激发出来。于是韩山童和刘福通一起带领老百姓起义，后来韩山童被官府抓住处死，刘福通继续反抗，他们的头上全都裹着块儿红布，因此称作"红巾军"。在对统治阶级的痛恨之下，这批人马的数量很快就攀升到了十万以上，从而揭开了元末农民起义的序幕。

在当时的社会政治危机下，朝廷治理黄河动员那么多军民，消耗巨大物资，确实在一定程度上起到了点火的作用。贾鲁治河与元朝灭亡的关系，也成了不少文人的谈资。"贾鲁修黄河，恩多怨亦多。百年千载后，恩在怨消磨"，无论怎样，贾鲁治理黄河后，从水利的角度看为社会带来了诸多益处。

四、铜瓦厢决口——最后一次自然改道

清咸丰五年（1855 年），黄河在今河南省兰考县北部（东坝头附近）决口，北徙夺大清河由利津入渤海，酿成著名的"铜瓦厢改道"，这次决口改道不但结束了 700 多年黄河南流的历史，也成就了当下黄河下游的流路。

铜瓦厢河段是明清两代河防险要所在。黄河西来，到这里漫转东南，其东北地形低洼，开封一带决河多由此冲向梁山一带。清咸丰五年（1855 年）农历六月中旬，黄河发生了大水，风雨交加下导致该段堤防溃决。铜瓦厢决口时，恰逢太平天国运动兴起，清政府无暇顾及治河，只顺着河势进行疏导，不堵塞决口，导致黄河改道，其中南流的一股逐渐形成了今日黄河的河道。

自明清以来，黄河倾向于向北流，只是为了维持运河故道，被迫向南行，摇摆不定地运行了 600 多年，中间虽有贾鲁、潘季驯、靳辅等诸多名贤相继治理，各挟雷霆万钧之力，企图使河就范，但最后，人治的力量终究抵不过自然的运行[92]。

五、花园口事件——铭刻历史的人为惨案

1938年，国民政府为了阻止日军，在郑州花园口扒开黄河大堤，致使黄河南泛长达8年多，造成上百万人死亡，千余万人受灾，直到1947年堵口才复归故道。

1. 扒口始末

1938年4月，台儿庄战役取得大捷，蒋介石随即提出了抗战速胜论，把20多万中央军调到了徐州战场，计划借台儿庄大捷的余威，和日军在徐州决战。5月初，日军迅速集结30多万人向徐州地区进攻。蒋介石眼看主力部队要被围困在徐州，决定放弃徐州，飞往郑州亲自指挥战役。随后，战局发生转变，日军攻克徐州后向开封进攻，开封失守已成定局，郑州岌岌可危。6月9日，为阻止日军西进，蒋介石采取"以水代兵"的办法，下令扒开花园口黄河大堤，人为造成黄河决堤改道。

客观上，花园口扒口打破了日军的作战计划，为保卫武汉争取了时间，但也给沿岸百姓造成了极大的灾难。直至9年后，花园口堤防修复工程完工，这段沉重的灾难才算划上句号。

2. 黄泛区的由来

花园口决堤导致黄河洪水泛滥，淹没了河南、皖北、苏北40余县的大片土地，毁耕地1260万亩，灾民达1200万人，淹死和因冻饿而死的有89万人以上。挟带的大量泥沙在淹没区落淤，给当地生存环境和生态环境都带来了极大灾难，形成了长达400km、宽30~80km的黄泛区（图4-14）。"黄泛区"这个字眼，也正是这个时候以民族剧痛的形式刻进了人们的记忆里。

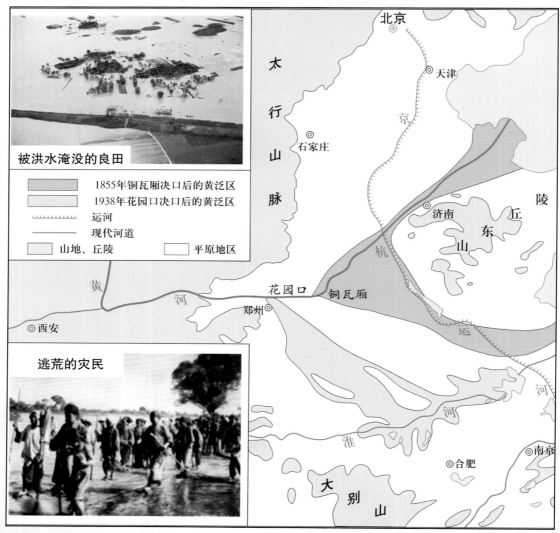

图 4-14 花园口决口后"黄泛区"范围

被洪水淹没的良田

	1855年铜瓦厢决口后的黄泛区
	1938年花园口决口后的黄泛区
	运河
	现代河道
	山地、丘陵		平原地区

逃荒的灾民

—— 两座纪念碑 ——

  如今，在花园口事件记事广场上，矗立着两座纪念碑。西亭石碑为"国民党碑"，是 1946 年 3 月 15 日国民政府所立的"民国堵口合龙纪事碑"，上有"中华民国总统"蒋中正（字介石）手书的"济国安澜"（图 4-15)，及民国水利委员会主任薛笃弼写的"花园口合龙纪念碑"文和"复堵局"局长朱光彩撰写的"花园口工程纪实"。碑文中写到的字是"决口""决堤"，该碑文没有提及国民党军队人为扒口的史实，而把该事件归咎于因战争、疏于防范、自然灾害等。

  东亭石碑为"共产党碑"，是 1997 年 8 月 28 日河南省政府、黄河水利委员会所立的"黄河花园口掘堤堵口记事碑"（图 4-16)，详细记载了黄河花园口从扒口到堵口的情况，述说了国民党政府扒口的历史以及由此所造成的后果，国共两党围绕堵口进行谈判和斗争，揭示了国民党以此为借口实施水淹解放区的军事企图。东西两侧的碑亭中关于扒口、堵口的记载形成了鲜明强烈的对比。

  花园口事件是中国抗战史上一次典型的"以水代兵"事件。除了花园口扒口事件，历史上还有多次"以水代兵"的事件。

图 4-15　蒋介石手书的"济国安澜"碑　　　图 4-16　黄河花园口掘堤堵口记事碑

历史上"以水代兵"事件

　　"以水代兵"不是近代的发明，而是古已有之。春秋时期的河事记载渐多，在当时的历史条件下，河防的主要方法就是修筑堤防。春秋中期，黄河下游各诸侯国修堤的情况已经相当普遍，到了战国，黄河下游河道堤防已具有相当的规模。春秋战国时期战事不断，各国互相攻伐，黄河也成了兵戎相见的工具。除了自然决口之外，"以水代兵"的人为决口不断发生。据统计，历史上至少有14次人为决口的事件发生，见表4-1。

表 4-1　　　　　　　　历史上人为因素造成的黄河决口、改道

序号	时间	地点	事因及灾害情况
1	公元前 358 年	今河南长垣	楚国出师伐魏，决黄河水灌长垣
2	公元前 332 年		齐魏联合攻打赵国，赵"决河水灌之"，齐魏退兵
3	公元前 281 年		赵国派军队至魏国东阳，"决河水，伐魏氏"
4	公元前 225 年	今河南开封	秦将王贲"引河沟灌大梁，大梁城坏"
5	公元 759 年	今山东济南长清区	河南守将李铣于此决河，水淹史思明叛军
6	公元 896 年	今河南滑县	"夏四月，辛酉，河涨，将毁滑州城，朱全忠决其堤，成为二河，把滑州城夹在二河之中，为害甚重"
7	公元 918 年	今山东东阿	后梁谢彦章率军与后晋军战于杨柳，谢彦章"决河水，弥漫数里"
8	公元 923 年	今河南延津	后梁段凝自酸枣决河以阻后唐军，因口门扩大，危害至曹州、濮州
9	公元 1128 元	今河南开封	南宋东京留守杜充为阻金兵，于此决河，形成大改道
10	公元 1234 年	今河南开封	蒙古兵决黄河寸金淀，以淹南宋军，形成大改道
11	公元 1642 年	今河南开封	李自成军决河，水淹开封，全城覆没
12	公元 1832 年	今河南开封	监生陈瑞，生员陈堂等纠众决十三堡大堤，放淤肥田，造成决口
13	公元 1933 年	今河南长垣	土匪姚兆丰等 400 余人，扒石头庄大堤，造成巨灾
14	公元 1938 年	今河南郑州花园口	国民党军队为阻止日军西进，扒决花园口黄河大堤

第五章 黄河旧貌换新颜

九曲黄河，奔腾万里，贯穿古今，滋养生灵万物。中华民族在发端发展过程中，既深得黄河哺育泽润之利，又饱受黄河洪水泛滥之苦。历代劳动人民与治河先贤为治理黄河水旱灾害进行了艰苦的实践探索，但由于黄河复杂难治且受生产力水平与社会制度制约，或因河政松懈废弛，或因治理措施顾此失彼，黄河为患的局面始终没有得到根本改观，黄河安澜的美好愿望一直难以实现。

1946年，中国共产党领导的人民治黄事业在炮火硝烟中起步，开启了黄河治理的新纪元。70多年来，特别是中华人民共和国成立后，在党的高度重视和坚强领导下，沿黄军民团结一心、艰苦奋斗，创造了前无古人的光辉业绩，古老黄河发生沧桑巨变，从"中华之忧患"变为一条利民之河、安澜之河，成为中国粮仓丰廪的重要保障、国家能源安全的重要支撑、流域生态环境改善的重要依托，为世界大河保护与治理树立了典范。

第一节 遍布大河上下的水文前哨

自古以来，人类逐水而居，不断观测探索河流水的变化规律。早在几千年前，人们已经认识到水文的重要性了。《尚书·禹贡》有载："禹别九州，随山浚川，任土作贡。禹敷土，随山刊木，奠高山大川。"其意为：禹测量土地，划分疆界，命名山川，带领众人行走于高山，砍削树木作为路标，以高山大河奠定界域。

古代把观测水位的标记称作水则，又名水志、水尺。"水则"中的"则"，意思是"准则"。我国最早的水则出现在秦昭襄王时（公元前251年），李冰父子修建都江堰时，雕刻3个石人立于水中观测水位，称为石人水则。李冰要求"竭不至足，盛不没肩"。意思是水位不能低于石人的足部，也不能高于石人的肩部。如果水位低于石人的足部，岷江来水量不够用，会出现旱灾；水位也不能高于石人的肩部，否则会出现洪灾。只有当水位在石人的足与肩之间，引水量才正好满足农业灌溉与防洪安全的要求。

康熙四十八年（1709年），为了黄河防汛需要，清政府在黄河青铜峡设立水志桩，观测水位。新中国成立后，国家不断加大对水文基础设施建设的投入，水文站网得到快速发展，逐步实现了对大江大河及其主要支流的水文监测。截至2019年年底，我国水文测站从新中国成立之初的353处发展到12.1万处，其中国家基本水文站3154处，地表水水质站14286处，地下水监测站26550处，水文站网总体密度达到了中等发达国家水平。黄河流域现有水文站网平均密度为1975km^2/站（图5-1），基本达到了世界气象组织（WMO）推荐和《水文站网规划技术导则》规定的容许最稀站网密度[93]。

在海拔4000多m的黄河源区鄂陵湖畔，矗立着黄河流域的第一座水文站——鄂陵湖水文站，称为黄河第一站（图5-2），与之遥遥相应的是山东省的利津水文站，是万里黄河的最后一个水文站、

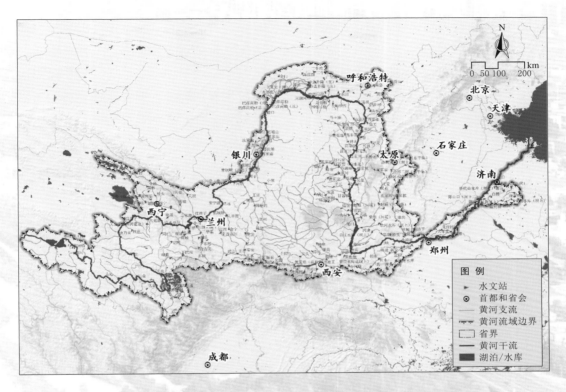

图 5-1　遍布大河的水文监测站点

图 5-2　黄河源头的鄂陵湖水文站

黄河水务的封笔之作（图5-3）。一首一尾，相距万里之遥，鄂陵湖水文站坚守源头，感知母亲河最初的脉动，利津水文站驻足尾闾，见证母亲河万里奔波后的恬静安逸，共同为黄河的血液把脉。

泱泱大河，星星点点的水文站点，服务流域水资源管理，服务水情预警预报预测，成为人们感知风云变幻的信使耳目、维持黄河健康生命的重要支撑。同时，有一群可爱的人，在遍布全河的水文站点默默坚守，通过认真的监测、计算和分析，将黄河母亲的血脉跳动向社会公众播报，他们被称为把脉水沙律动的水手赤子、守护大河安澜的前哨尖兵，他们就是黄河水文人。

图5-3 大河尾闾的利津水文站（董保华 摄）

174

 第二节 保障黄河安澜的千里堤防

黄河流域的先民们倚河而居,过着渔猎生活,"逐水草而居""择丘陵而处",以逃避洪水。到了神农时代,人们通过"潡"和"堙"等朴素的方法来进行自我保护[59]。但对较大的洪水仍然没有良策,商代帝都频繁迁徙,虽然原因比较复杂,但和黄河水患不无关系。

随着人们治河能力的不断提升,开始逐步修建堤防。黄河下游堤防在春秋战国时代已开始进行建设,当时各诸侯国修堤的情况已相当普遍,战国时代已达到一定规模[56]。《汉书·沟洫志》记载:"盖堤防之作,近起战国",之后历朝历代不断修建完善。秦汉至明清,治河技术不断发展,石堤、遥堤、缕堤、埽工护岸、梢薪堵口等,对防御洪水起到了重要作用。

新中国成立后,黄河开始进行统一治理,首要任务是保证黄河不决口。沿黄军民和黄河建设者开展了 4 次大规模堤防建设[94]。经过 70 多年的努力,已将历史上低矮残破的千里大堤变成了战胜洪水的重要屏障。

一、洪凌共防的宁蒙大堤

黄河宁夏内蒙古河段历史上修建的防洪工程少,一旦发生大洪水就会发生严重的洪水灾害。宁夏河段自古就有灌溉和通航之利,为防御洪水,清雍正年间修筑堤防 175km,乾隆三年(1738 年)又筑堤 160km[59]。内蒙古河段自清朝中期至民国年间,修建了小段防洪堤坝以保护重要城镇,20 世纪 50 年代初,开始逐步修建完善两岸堤防,并多次整修加固。

除了洪水,内蒙古河段也是黄河上发生凌汛较多的河段。由于黄河在内蒙古境内先由南向北流,后又转为西向东流,冬季内蒙古

黄河全线封冻，至春季消融时，靠南的河段先消融（即开河），靠北的河段仍然处于封冻或半消融状态，过流能力较小，水面上的浮冰极易导致壅水，从而造成水流漫滩，俗称"凌汛"。因此，防洪和防凌是内蒙古河段河道治理的重要任务。内蒙古河段通过修建河道整治工程，逐步强化水流边界，规顺中水河槽，减小主流的摆动范围，改善现状情况下的不利河势，以达到防洪防凌的目的。

目前，黄河上游宁夏和内蒙古河段已建堤防1419.15km，在防洪防凌方面发挥了巨大作用。尤其是宁夏河段的堤防，修建标准较高，已经成为所在区域的交通要道。堤防和其周围的稻田在蓝天白云下相互辉映，成为一道靓丽的风景线，被称为黄河金岸（图5-4）。

图5-4 宁夏中卫河段黄河堤防（董保华 摄）

二、华北平原的水上长城

黄河下游两岸堤防，是在历代堤防和民埝的基础上进行多次修缮、加固而成。历史上，受黄河决口改道随机性和生产力水平的影响，黄河下游的堤防缺乏统一的规划和标准。新中国成立后，随着工程技术的进步以及人们对黄河洪水、泥沙输移规律的深入认识，不断完善了堤防的设计和建设工作。

（一）黄河下游 4 次大复堤

新中国成立以来，根据防洪、社会经济发展等不断变化的形势需要，黄河下游堤防一共进行了 4 次大规模加高培厚，在 1946—1949 年初期进行复堤建设的基础上，分别于 1950—1957 年、1962—1965 年、1973—1985 年、1996—2000 年进行了 4 次加高加固（图 5-5）。

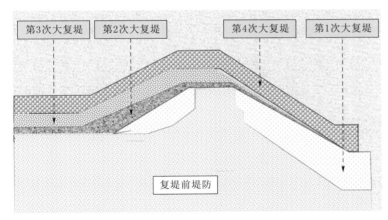

图 5-5　4 次大复堤示意图

1. 第 1 次加高加固

经过 1946—1949 年的复堤，黄河下游堤防工程得到了初步恢复，但防御标准低，且堤防工程本身的设计标准也很低。因此，国家于 1950 年进行修堤施工，直至 1957 年，前后共有 4936 万个工日。通过加高加固，堤防御洪能力得到较大提升[95]，经受了 1958 年花园口站 22300m³/s 大洪水的考验。

2. 第 2 次加高加固

1962 年，三门峡水库运用方式由"蓄水拦沙"改为"滞洪排沙"，水库下泄泥沙加

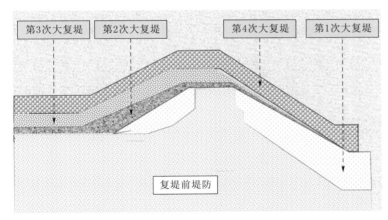

重了河道淤积，导致堤防防御标准有所降低。其中花园口断面堤防防御标准由 1960 年的 25000m³/s 降低为 1962 年的 18000m³/s。为保证下游河道防洪安全，国家提出了第 2 次大复堤计划。第 2 次大复堤从 1962 年冬至 1965 年，共投入 3197 万个工日，对黄河大堤进行了再次加高培厚。

3. 第 3 次加高加固

1969—1972 年，黄河下游河道发生了严重淤积，排洪能力降低，部分河段出现了二级悬河。河槽快速淤积造成同流量水位显著上升，1973 年 9 月 3 日，花园口站发生洪峰流量 5890m³/s 的中常洪水，花园口至石头庄 160km 长的河道洪水位比 1958 年花园口站洪峰流量 22300m³/s 大洪水的洪水位还高 0.2~0.4m，防洪形势非常严峻。1973 年 12 月，在郑州召开的黄河下游治理工作会议上决定进行第 3 次大复堤。第 3 次大复堤从 1973 年冬开始，历时 12 年，于 1985 年基本完成。河南、山东每年组织数十万人参与施工，最多时达到 80 万人。经过修堤，大堤普遍达到防御花园口站 22000m³/s 洪水的标准。

4. 第 4 次加高加固

1995 年 7 月，水利部在北京召开黄河下游防洪问题专家座谈会，会上提到，黄河下游防洪是一项长期、艰巨、复杂的任务，在小浪底水库建设期间及建成后，黄河下游仍然需要加强防洪工程建设。黄河水利委员会编制了《黄河下游 1996—2000 年防洪工程建设可行性研究报告》并通过水利部审查批复，随之开始了第 4 次堤防加高加固工作。第 4 次大复堤的建设任务为防御花园口站洪峰流量 22000m³/s 的洪水，艾山站以下考虑南山支流加水，按防御洪峰流量 11000m³/s 的洪水。

（二）标准化堤防三线融合

2001 年，时任黄河水利委员会主任李国英，为落实时任水利部部长汪恕诚提出的"堤防不决口、河道不断流、污染不超标、河床不抬高"的黄河治理目标，提出了标准化堤防的建设思路。2002 年起，国家组织实施了黄河下游标准化堤防建设，涉及河南、山东两省，总长 1147km。所谓标准化堤防，是指黄河下游的堤防基本按照顶宽 12m、临河和背河边坡 1:3 来进行标准化设计和建设，大堤两侧种植防护林，不仅保护大堤，同时也美化环境。黄河下游标准化堤防建设是通过对堤防实施堤身帮宽、放淤固堤、险工加高改建、修筑堤顶道路、建设防浪林和生态防护林等工程，构造"防洪保障线、抢险交通线和生态景观线"

等三线合一的大堤，形成标准化的堤防体系[96]。大堤沿程设计的防御标准分别为花园口 22000m³/s、高村 20000m³/s、孙口 17500m³/s，艾山及以下河段防御标准为 11000m³/s，构造了维护可持续发展和黄河健康生命的基础设施。

如今，黄河大堤已经成为人们休闲、娱乐的好去处。按照黄河水利委员会的规划，黄河下游的堤防承担"三线合一"多种功能（图 5-6）。正是这样高标准的堤防，保障着黄河安澜、百姓安居、社会安定，守护着整个华北大平原。

目前，黄河下游已建成了由堤防、险工、河道整治工程和蓄滞洪区组成的高标准防洪工程体系。在现有防洪工程体系保障下，先后战胜了花园口站 1958 年 22300m³/s、1982 年 15300m³/s 等 12 次超过 10000m³/s 的大洪水，彻底扭转了历史上黄河下游频繁决口改道的险恶局面，取得了连续 70 多年伏秋大汛堤防不决口的辉煌成就，保障了黄淮海平原 12 万 km² 的安全和稳定发展。甚至有人认为，黄河两岸的地方堪比长城与大运河，是中华民族创造的又一伟大奇迹[97]。

图 5-6　黄河下游济南河段堤防（董保华　摄）

 破解治黄难题的水沙调控

针对黄河水沙关系不协调这一治黄关键问题，科学家和工程师们开展了大量的研究和实践，认为水沙调控是塑造和谐水沙关系的关键策略。所谓水沙调控有狭义和广义之分，狭义的水沙调控就是充分利用黄河干支流上的重要水库，通过联合调度，在时间上和空间上合理配置水沙资源，塑造和谐的水沙关系。而广义的水沙调控，既包括水量调度、水资源合理配置等水的调控，也包括水土流失治理、水库泥沙拦蓄与排放、泥沙资源利用等沙的调控。

习近平总书记在黄河流域生态保护和高质量发展座谈会上讲到，要保障黄河长久安澜，必须紧紧抓住水沙关系调节这个"牛鼻子"。因此，水沙关系调节就是黄河保护治理的"牛鼻子"，抓住了这个"牛鼻子"，也就找到了破解黄河保护治理难题的抓手。

一、水沙调控工程体系

目前，黄河干流已建龙羊峡、刘家峡、海勃湾、三门峡、小浪底等控制性骨干工程，在黄河防洪（防凌）和水量调度方面发挥了巨大作用。小浪底水库调水调沙的运用，在协调黄河下游水沙关系、减少河道淤积、恢复中水河槽等方面发挥了重要作用。根据黄河水沙特点和干流各河段特点，统筹考虑流域经济社会发展、洪水管理、协调全河水沙关系、合理配置和高效利用水资源等，黄河水沙调控体系以干流龙羊峡、刘家峡、三门峡、小浪底等骨干水利枢纽为主体，以海勃湾、万家寨水库为补充，联合支流陆浑、故县、河口村等控制性水库共同进行调控（图5-7）。

龙羊峡、刘家峡等水库主要构成黄河上游以水量调控为主的子体系，联合对黄河水量进行多年调节和水资源优化调度，并满足上游河段防凌、防洪减淤要求。其中，龙羊峡、刘家峡水库联合运用，承担兰州市城市防洪和宁蒙河段防凌任务，兼顾宁蒙河段防洪，海勃湾水库配合龙羊峡、刘家峡水库承担内蒙古河段防凌任务。万家寨、三门峡和小浪底等水库主要构成中游以洪水泥沙调控为主的子体系，管理黄河中游洪水，进行拦沙和调水调沙，协调黄河水沙关系，并进一步优化调度水资源。万家寨水库承担其库区及下游北干流

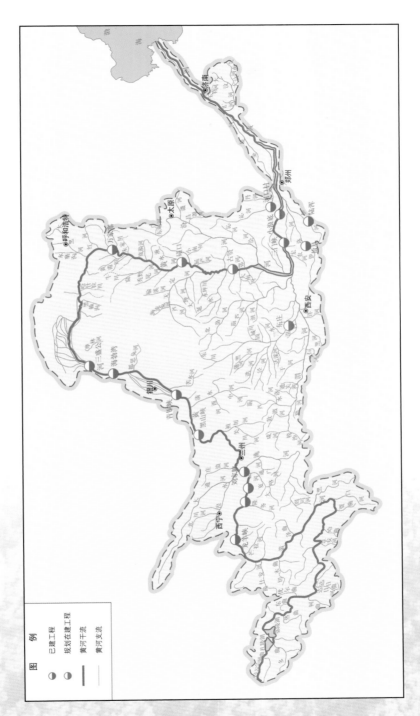

图 5-7　黄河流域水沙调控体系

河段防凌任务,三门峡、小浪底、陆浑、故县、河口村水库联合调度,承担黄河下游防洪任务,三门峡、小浪底水库承担下游河段防凌任务。

二、水沙联合调控

经过几十年的探索和实践,人们初步掌握了黄河水沙的运动规律、输沙规律和水库排沙规律,在对这些规律进行充分了解的基础上,开展水沙联合调控。

2000年,黄河小浪底水库投入运用,为黄河水沙调控提供了条件。2002年,黄河水利委员会开展了调水调沙试验,在汛期到来之前,小浪底水库提前下泄,为防汛腾出库容。水库下泄清水,冲刷黄河下游河道,当水库水位下降到一定程度后,相机排放淤积在水库内的泥沙。这既增加了黄河下游河道的过流能力,也在一定程度上减轻了水库淤积,扩大了水库的有效库容(图5-8)。

单单依靠小浪底水库进行水沙调控,会出现后续动力不足的问题,即小浪底水库水位下降到一定程度后,上游缺乏持续来水,导

图5-8 小浪底水库调水调沙

致淤积在库区的泥沙无法排泄出库。因此，在调水调沙实践中，又增加了小浪底水库上游的三门峡水库和万家寨水库，万家寨水库为三门峡水库提供后续冲刷动力，三门峡水库为小浪底水库提供后续动力，进一步完善了调水调沙的理论体系，增大了调水调沙的综合效益。

在此基础上，黄河水利委员会利用黄河已建成的水库群，实施"一高一低"策略，进行大空间、时间尺度水沙联合调度。所谓"一高"，是指黄河上游的龙头水库——龙羊峡水库进行最高水位蓄水调度；所谓"一低"，是指小浪底水库进行低水位调度。这种超过1500km的大跨度水库群联合调度，可以收到多重效果。具体表现在：一是可以加大小浪底水库下泄量，塑造有利于下游河道冲刷的大流量过程；二是中游一旦出现大洪水，小浪底腾出了更大拦蓄空间；三是如果出现干旱，龙羊峡水库可以向中下游远距离输水；四是能将小浪底水库库内淤沙排出，扩大库容延长使用寿命。

三、泥沙动态调控

除了水库层面的水沙调控，广义层面的水沙调控也在井然有序地进行着。尤其是在泥沙调控方面，从黄土高原地区水土保持开始，开展了"拦、调、排、放、挖"的全流域、全链条黄河泥沙调控方略，为黄河河道减淤提供了重要支撑（图5-9）。自21世纪以来，基于泥沙资源属性，开始强调"用"，不再仅仅把泥沙视为灾害，而是从资源利用的角度，强调泥沙的资源属性，开展一系列泥沙资源利用的探索、研究和实践。《黄河流域生态保护和高质量发展规划纲要》中也明确提出"创新泥沙综合处理技术，探索泥沙资源利用新模式"的要求，深入研究泥沙综合处理技术和泥沙资源利用模式，对实现黄河长治久安具有重要意义。

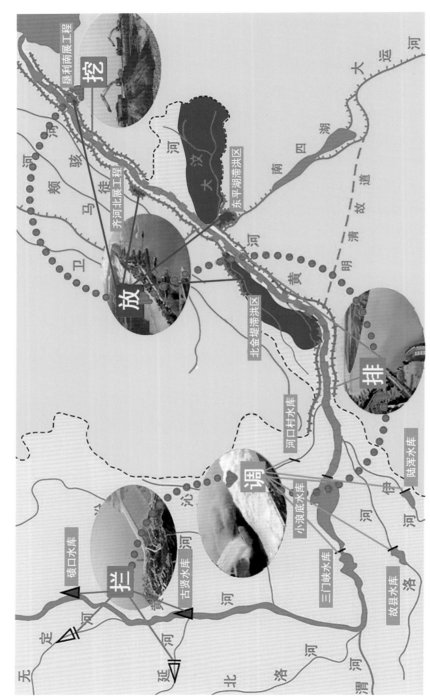

图 5-9　黄河流域泥沙调控总体方略

1. "拦"

"拦"主要是依靠水土保持和干支流控制性骨干工程拦减泥沙，黄土高原地区拦截泥沙的主要工程就是淤地坝（图5-10）。淤地坝主要分布在陕西、山西、内蒙古、甘肃、宁夏、河南、青海等7个省（自治区），其中陕西、山西两省的淤地坝最多，分别占淤地坝总数的57.99%和30.89%。在植树造林、淤地坝等各种水土保持措施共同作用下，黄土高原地区水土流失、土地沙化和植被退化得到有效遏制，入黄泥沙大幅度减少。据测算，黄河流域水保措施年平均减少入黄泥沙3.5亿~4.5亿t。

图5-10 淤地坝工程

> —— 淤地坝 ——
>
> 淤地坝是黄土高原地区一种行之有效的水土保持工程，在拦泥保土、淤地造田、减少入黄泥沙、防灾减灾、退耕还林（草）、保障生态安全等方面发挥了重要作用。淤地坝建筑物主要包括：坝体（多为均质土坝）、溢洪道、放水建筑物（涵洞、卧管），俗称"三大件"。

此外，黄河流域的各种水库也在一定程度上起到了拦截泥沙的作用，黄河中游的三门峡水库、小浪底水库累计拦沙 77 亿 t，减少了进入黄河下游的泥沙，有效减缓了河道淤积。

2."调 + 排"

"调"是指水沙调控，即利用水沙调控体系调节水沙过程，使水沙关系适应河道的输沙特性；"排"即排沙入海。自 2002 年以来，连续进行了以小浪底水库为核心的调水调沙，通过小浪底水库拦沙和调水调沙，下游河道累计冲刷 18.15 亿 t 泥沙，逐步恢复了河道主槽排洪输沙功能，下游河道最小平滩流量由 2002 年汛前的 1800m³/s 提高到 2020 年的 5000m³/s。

3."放 + 挖 + 用"

"放"是指放淤工程，通过引高含沙水流到指定区域，使泥沙落淤，达到减少河道泥沙的目的。"挖"是指采取人工措施在河道内进行挖沙，通过挖河疏浚，减少河道淤积，维持河槽过流能力。"放"和"挖"都是泥沙利用的重要方式。这些泥沙可以进行淤背、低洼地改造、开发建筑材料等。

近年来，泥沙资源属性的日益凸显和泥沙资源利用技术的逐渐成熟，为黄河泥沙处理与利用方略赋予了新的生命[98]。相关的科研机构和科研团队，开展了一系列研究工作，致力于黄河泥沙资源利用的理论突破和技术攻关。2017 年 11 月，由黄河水利科学研究院发起，中国大坝工程学会成立了水库泥沙处理与资源利用专委会，标志着泥沙资源利用进入了新阶段。经过长期和系统的研究，黄河水利科学研究院已经形成了"测—取—输—用—评"全链条技术，探测、抽取、输送、利用泥沙，并对泥沙利用效果进行评价，这些技术在黄河三门峡、小浪底、西霞院、青铜峡等水库的清淤及泥沙资源利用中得到了应用，并取得了良好的效果。

自 1946 年人民治黄以来，为应对黄河泥沙灾害，在黄河上中游开展了一系列水土保持措施和水库调蓄工程，入黄河泥沙明显减少。据统计，2001—2019 年潼关站多年平均输沙量约 2.39 亿 t，比 1961—2000 年实测平均值减少了约 8.29 亿 t，比 1919—1960 年实测平均值减少了约 13.4 亿 t（图 5-11）。

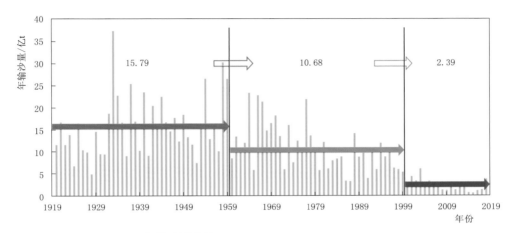

图 5-11　黄河潼关断面年输沙量变化

四、多目标协同调控

在新的阶段，黄河流域的水沙调控不仅需要兼顾防洪和泥沙输移，同时还要兼顾社会经济发展与生态环境保护，水沙调控的目标由过去的单目标转化为多目标。江恩慧等[99]基于系统理论，将黄河流域视为一个复杂的巨系统，并将其划分为行洪输沙、社会经济和生态环境三个子系统（图 5-12）。认为三大子系统作为一个有机的复合系统，彼此之间的相互作用和相互制约关系较为复杂（图 5-13），需通过构建流域系统科学理论与方法体系，破解各子系统协同发展的战略性问题，达到河流水沙输移安全、生态环境健康维持、社会经济可持续发展的战略目标。

基于此，黄河流域的水沙调控逐步转向维持行洪输沙、社会经济、生态环境协同发展的多目标调控。2008 年，小浪底水库首次开展了生态调度，结合调水调沙有计划地对河口三角洲湿地生态系统进行补水[100]，在保障河道减淤的同时保护和维持黄河下游的生态环境[101]。同时，许多研究者开始着眼于黄河流域多目标调度的约束条件和阈值研究[102-103]，通过识别各子系统的主要因子，研究各子系统主要因子之间的相互作用关系，构建了能同

图 5-12 黄河流域
系统组成

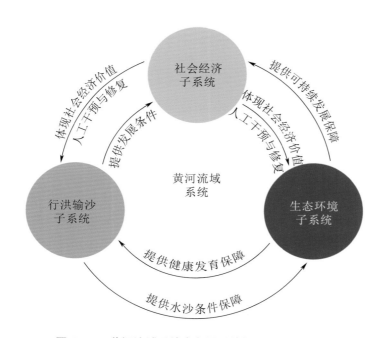

图 5-13 黄河流域系统中各子系统相互作用关系图

时反映河流自然属性与社会属性的"黄河下游宽滩区滞洪沉沙与综合减灾效益二维评价方法"[104]、河道生态系统效益能值多维评价指标体系[105]，定量评价了小浪底水库调控对黄河下游河道以及社会经济和生态环境影响。基于行洪输沙需求、社会经济用水需求以及生态环境需求，得到主要约束因子的阈值，最终提出黄河流域各子系统协同发展的水库调控模式。

第四节　辉映时空交变的生态演绎

黄河流域生态系统类型复杂多样，同时受气候和地质条件影响，生态系统较为脆弱。黄河不仅为流域各省区的经济社会发展提供水资源，同时还承纳了大量的废污水排放。20世纪80年代以来，在社会经济快速发展的背景下，黄河流域无论是水里还是岸上，都经受了严重的生态环境破坏和退化。在生态文明理念不断深入人心的新时代，党和国家出台了有力政策，通过植树造林、水土保持、污染防控、生态修复等一系列措施，对黄河流域进行了系统治理，整个流域的生态环境面貌焕然一新，并呈现出持续向好的强劲态势。

一、多样的生态类型

黄河流域复杂多样的本底特征以及多元文化指导下形形色色的人类活动，造就了黄河流域复杂多样的生态类型。

1. 生态系统类型和服务功能

全国生态系统分为森林、灌丛、草地、湿地、荒漠、农田、城镇和其他等类型，黄河流域生态系统分布格局以草地生态系统、农田生态系统为主，还有部分荒漠生态系统、森林生态系统和湿地生态系统（图5-14）。根据生态系统服务功能对全国和区域生态安全

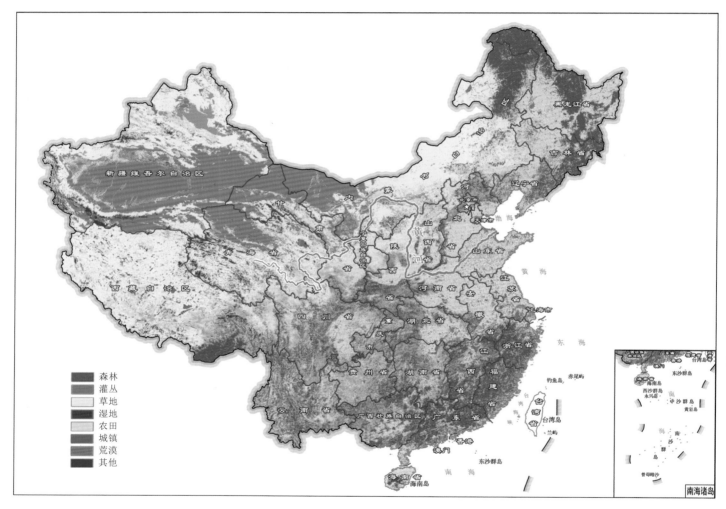

图 5-14　黄河流域生态系统类型　（《全国生态功能区划（修编版）》，2015）

的重要性程度，生态系统分为极重要、较重要、中等重要和一般重要4个等级，黄河流域生态系统以较重要和极重要为主（图5-15）。

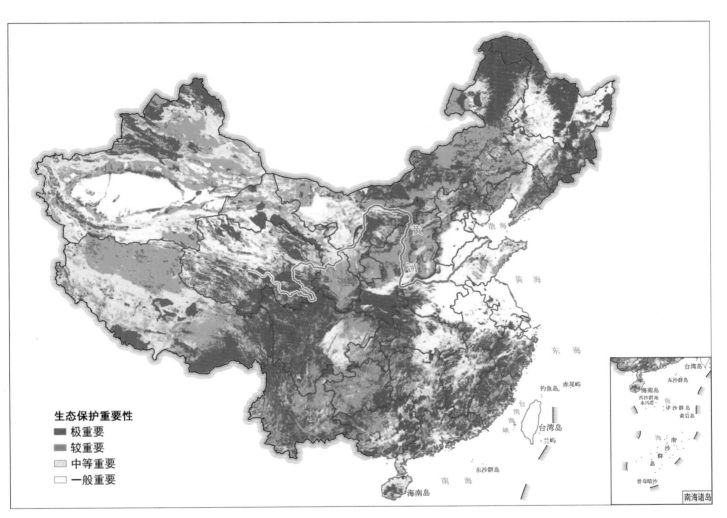

图 5-15　黄河流域生态系统服务功能重要程度　（《全国生态功能区划（修编版）》，2015）

2. 生态系统服务功能

全国生态系统服务功能分为生态调节功能、产品提供功能、人居保障功能三个类型。黄河流域生态功能区以土壤保持、防风固沙、水源涵养等为主（图 5-16 和图 5-17）。

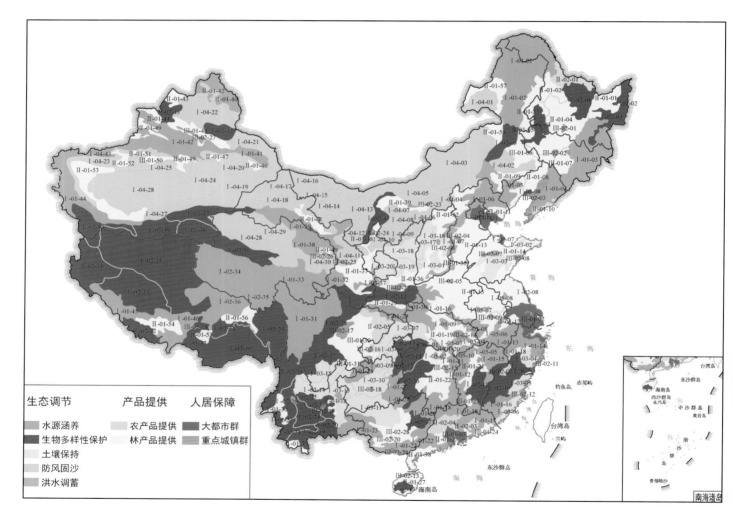

图 5-16　全国生态功能区划分　（《全国生态功能区划（修编版）》，2015）

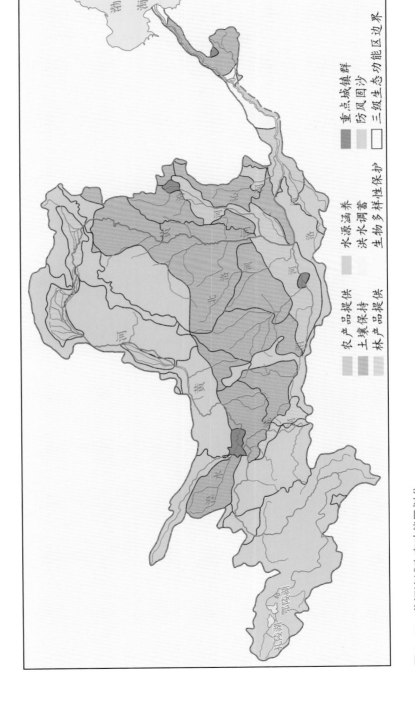

图 5-17 黄河流域生态功能区划分

3. 重要生态功能区

　　全国 63 个重要生态功能区，涉及黄河流域的有 12 个，分别是川西北水源涵养与生物多样性保护重要区、甘南山地水源涵养重要区、三江源水源涵养与生物多样性保护重要区、祁连山水源涵养重要区、天山水源涵养与生物多样性保护重要区、黄河三角洲湿地生物多样性保护重要区、秦岭—大巴山生物多样性保护与水源涵养重要区、塔里木河流域防风固沙重要区、西鄂尔多斯—贺兰山—阴山生物多样性保护与防风固沙重要区、黄土高原土壤保持重要区、黑河中下游防风固沙重要区以及鄂尔多斯高原防风固沙重要区（图 5-18）。

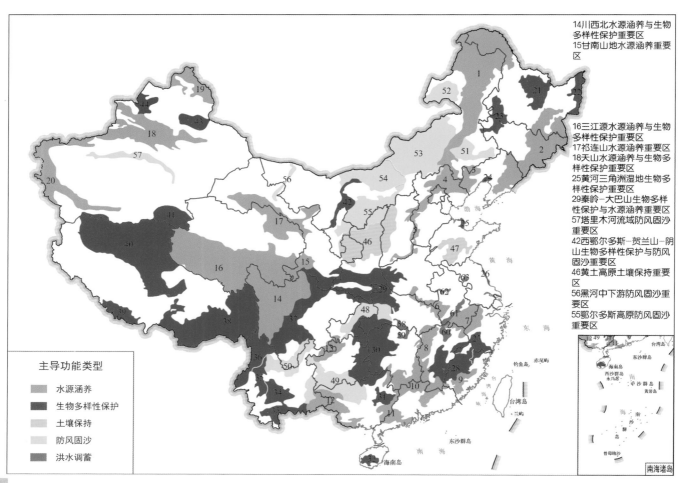

图 5-18　黄河流域重要生态功能区

4.生态系统格局

从黄河流域生态格局来看，河源到河口形成了复杂交织的"一廊五区"的生态空间格局。

"一廊"是指黄河干流河道，是水沙、物质、能量、信息输送和交换的通道。

"五区"是指黄河源区、河套灌区、黄土高原区、黄河下游滩区以及黄河三角洲区。

黄河源区指唐乃亥以上的区域，面积12.2万km²，是黄河流域重要水源涵养区和产水区，1952—2020年多年平均径流量204亿m³，超过黄河流域径流量的1/3。黄河源区以水源涵养为主。

河套灌区是复合生态系统，承担农产品提供功能，又是黄土高原—川滇生态屏障和北方防沙带的重要组成部分，是阻隔乌兰布和沙漠和库布齐沙漠连通的重要阻隔。该区域以面源污染控制为主。

黄土高原区是黄河泥沙的主要来源区。该区域以水土保持为主。黄土面积64万km²，水土流失面积45.4万km²，多沙粗沙区7.86万km²，粗泥沙集中来源区1.88万km²。

黄河下游滩区总面积3154km²，滩区耕地面积340万亩，占滩区总面积的72%；滩地大部分位于陶城铺以上河段，面积约占滩区总面积的83%；滩区人口约200万人。该区域以综合提升治理为主。

黄河三角洲区是国际重要湿地，是保存最完整、最年轻的滨海湿地生态系统，生物多样性高。湿地自然保护区总面积15.3万hm²，其中核心区5.8万hm²，缓冲区1.3万hm²，实验区8.2万hm²。

二、千湖美景现河源

过去十余年来，黄河源区持续实施三江源生态保护和建设综合治理工程，草地和湿地逐步恢复。退化草地得到保护和修复，曾经成为草原灾害的鼠兔也被有效遏制，如果不考虑其给草地带来的危害，鼠兔萌萌的形象还是蛮可爱的，在蓝天白云绿草环绕下，时不时地从洞中露出半个小脑袋，做出一副沉思的样子，着实招人喜爱（图5-19）。

湖泊群及周边生态逐步恢复。2015年，国家将黄河源区湖泊群生态环境保护项目列为专项，在当地推进湖岸综合整治、道路沿线生态修复、水源地涵养保护等工程，生态治理效果明显。据遥感监测，被誉为"千湖之县"的青海省果洛藏族自治州玛多县，2007年湖泊面积大于6hm²的有157个，鄂陵湖面积由最低点2003年的578km²增加到2010

图 5-19　萌萌的鼠兔好像在思考"鼠生"

年的 677km²，年均增长 14.14km²，扎陵湖面积由最低点 2003 年的 493km² 增加到 2010 年的 560km²，年均增长 9.6km²，两湖共增加水域面积 166km²。目前，黄河源区有大大小小的湖泊 4 万余个，如今又开始呈现出湖泊星罗棋布、波光粼粼的美景了（图 5-20）。

三、昔日沙漠现绿洲

黄河流域内荒漠化土地比 2009 年减少 527.7 万亩，沙化土地比 2009 年减少 429.6 万亩，新增水土流失综合治理面积 5.5 万 km²。我国第七大沙漠——库布齐沙漠，30 年里沙丘整体高度下降了一半，6000km² 荒漠变成绿洲，占到荒漠总面积的 1/3。曾经风沙漫

图 5-20　黄河源区的湖泊湿地

天、一眼望不到边的"死亡之海"——库布齐，出现一片片绿洲。库布齐沙漠治理模式被联合国确定为"全球沙漠生态经济示范区"（图 5-21）。

四、黄土高原披绿装

自 1999 年大规模退耕还林还草工程实施以来，黄河流域植被覆盖明显提高，全流域植被覆盖度由 20 世纪 80 年代的 20% 提升至 2022 年的 50% 以上，水土保持措施累计治理面积达到 27.5 万 km²。黄土高原地区持续推进水土流失综合治理、小流域治理、淤地坝建设等重大水土保持项目，据调查统计，截至 2019 年 11 月，黄土高原地区共有淤

图 5-21　库布齐沙漠里的绿洲

地坝 58776 座，其中大型坝 5905 座、中型坝 12169 座、小型坝 40702 座，分别占淤地坝总数的 10.05%、20.70%、69.25%。经过治理，黄土高原轻中度侵蚀占水土流失面积的 76.6%，黄土高原主色调由"黄"变"绿"[106]。与 20 世纪 80 年代初相比，黄土高原植被覆盖度由不到 20% 提高至 63%，水土流失率由新中国成立初期的 71% 下降到目前的 37%（图 5-22）。陕西省植被覆盖度增加更为明显，尤其延安地区，2017 年植被覆盖度达到 81%，森林覆盖率达到 46%。

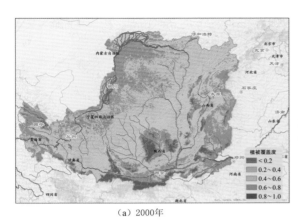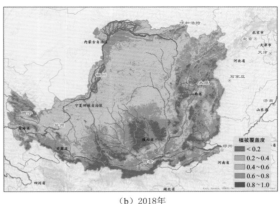

（a）2000年　　　　　　　　　　　　　　　　　（b）2018年

图 5-22　黄土高原植被覆盖度变化

五、生态廊道现雏形

　　黄河下游是重要的生态廊道，目前，河南、山东两省以及流域管理机构正在积极推进黄河下游生态廊道建设。生态廊道将以增加黄河两岸生态"绿量"、提高森林质量为主攻方向，以增强沿黄森林水源涵养、防治水土流失、防风固沙等生态功能为重点，高标准建设河、坝、路、林、草有机融合的生态体系，积极打造左右岸统筹、山水河林路一体、文化自然融合、沿线全境贯通，集生态屏障、文化弘扬、休闲观光、生态农业于一体的复合生态长廊，为幸福河建设筑牢生态屏障。图 5-23 为黄河下游九堡至三官庙河段生态廊道建设情况，集生态景观、防汛通道、交通保障等融为一体，凸显了综合治理效果。

六、一泓净水向东流

　　20 世纪 90 年代，黄河流域生活生产用水量急剧增加，废污水排放量也随之增大，而污染治理严重滞后，部分企业未实现达标排放，加之农业耕作大量使用化肥农药，导致每年排入黄河的废污水量不

图 5-23　黄河下游九堡至三官庙河段生态廊道建设

断增加。同时，由于黄河流域生态环境退化、降水减少、水量偏枯，水体稀释和降解污染物的能力下降，引起流域水质变差。根据《黄河流域综合规划（2012—2030 年）》，黄河流域承纳了全国 6% 的废污水和 7% 的 COD 排放量。

　　黄河干流上大的污染源有 300 多个。据 1998 年水质监测资料显示，黄河干流及主要支流重点河段可满足生活用水的河长仅占评价河长的 29.2%。黄河水质较差，劣 V 类水质占 39.5%，干流水质略好于支流。支流 61.9% 的断面水质为劣 VI 类，主要污染指标包括氨氮、高锰酸盐指数和生化需氧量（反映水体受有机物污染程度的重要指标）。2000 年以后，黄河水质继续急剧下降，2003 年超标河长进一步增长至 78.1%，主要集中在石嘴山至乌达桥、三湖河口至喇嘛湾以及潼关至三门峡等河段[107]。

　　近年来，黄河水污染治理逐渐得到社会各界的重视。随着入河排污口排查、监测、溯源及治理的全面启动，黄河流域水污染防治能力大幅度提升，水质总体呈逐年好转趋势。自 1991 年以来，黄河流域水质状况不断得到改善，I~III 类水比例由当年的 33% 提升至 2020 年的 84.7%（图 5-24）。自 2018 年以来，黄河干流 I~III 类水断面比例均为

100%。2020 年，黄河全流域 I~III 类水断面比例为 84.7%，干流水质均为优；主要支流水质由轻度污染改善为良好，IV 类水断面比例达 80.2%，全面消除劣 V 类断面。

黄河流域水环境逐年趋好的背后是国家在生态文明建设方面付出的巨大努力，不仅黄河流域，我国其他江河流域的水环境状况均呈好转态势。1997 年，我国主要江河流域 I~III 类水比例占 56.4%，2020 年则占到了 87.4%，劣 V 类水体占比由 1997 年的 15.9% 下降至 2020 年的 0.2%（图 5-25）。

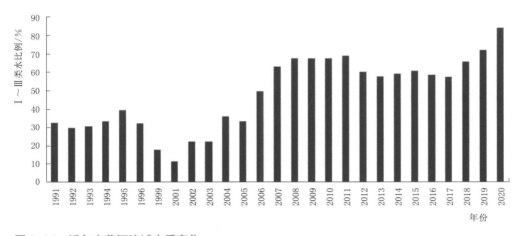

图 5-24　近年来黄河流域水质变化

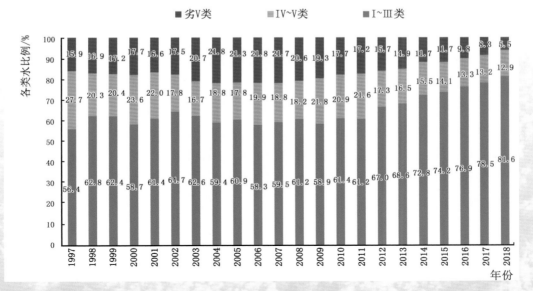

图 5-25　全国河流历年水质状况

七、生态调度润河口

黄河三角洲地区是我国暖温带最完整的湿地生态系统，总面积 15.30 万 hm²，包括北部黄河故道刁口河、中部现行黄河入海口、南部大汶流 3 个区域。20 世纪 80—90 年代，受黄河频繁断流影响，黄河三角洲来水量逐渐减少，生态环境持续恶化，出现河道萎缩、湿地退化、海岸线蚀退、海水倒灌、生物多样性减少、土壤盐渍化程度升高等问题[108]。20 世纪末与 20 世纪 70 年代相比，黄河三角洲湿地萎缩近 50%，鱼类减少 40%，鸟类减少 30%，有了"北大荒"之称。

黄河水利委员会自 2008 年开始实施黄河下游生态调度，多年来坚持向黄河三角洲生态补水，持续推进生态系统自然修复。2008—2018 年，累计向黄河三角洲自然保护区湿地补水 3.49 亿 m³，自 2016 年以来，实施黄河下游生态流量调度，各断面流量均达到了规定的生态流量指标。尤其是 2018—2021 年，利用黄河水情较好的有利时机，塑造了更为有利的湿地补水流量过程。随着入海水量的增加、河口湿地淡水补给以及塑造维持下游河道生态廊道功能的大流量过程，地下水补充量呈逐年增加趋势，地下水位抬升明显，局部抬升高达 1.40m，有效改善了下游生态系统。

湿地面积进一步增加，生态廊道功能得以维持，鱼类种类及多样性增加，久违的洄游鱼类重新出现。2020 年在黄河口近海水域发现一条成年黄河鲀鱼活体，这是 20 世纪 90 年代末以来，黄河口首次发现黄河鲀鱼活体。陆生植被由 2010 年的 23 种增加到 2020 年的 375 种，鸟类从 2005 年的 296 种增加到 2020 年的 375 种[108]，数量达 600 多万只，其中国家一级保护鸟类 12 种。河口三角洲再现草丰水美、鸟鸣鱼跃的动人景象[109]（图5-26）。"中国东方白鹳之乡""中国黑嘴鸥之乡""中国最美湿地""国际重要湿地""生态中国湿地保护示范奖"生态荣誉接踵而至。

在生态恢复的同时，渔业资源也得到发展。黄河水入海形成的咸淡交汇区是最适合发展渔业养殖的区域，近年来在生态调度过程中，河口的黄蓝交汇线（图 5-27）不断外迁，咸淡交汇区不断扩大，鱼类数量日益增加。在黄河口莱州湾产卵孵育场核心区，不同种类的鱼卵、仔稚鱼密度比 2017 年增加 3~10 倍，生态与经济取得了协同双赢的局面。

图 5-26　黄河口滩涂湿地（董保华　摄）

图 5-27　黄河入海流之黄蓝交汇线（董保华　摄）

第五节　点亮万家灯火的峡谷明珠

黄河流域水力资源理论蕴藏量和技术开发量在我国七大江河中居第二位，其水力资源理论蕴藏量共 43312MW，可开发水电站装机容量 34741.3MW，每年可发电量 1234.0 亿 kW·h。随着水利科技的发展，人们掌握了修建水利工程进行水力发电的技术，在黄河干支流的适宜位置，兴建了许多水利工程，这些水利工程在防洪、供水、发电、灌溉等方面发挥了巨大效益。

一、蕴藏丰富的水能资源

黄河流域水力资源主要集中在干流，理论蕴藏量和技术可开发量分别占全流域的 75.8% 和 87.6%。黄河上游龙羊峡至青铜峡河段水能资源丰富，是全国十二大水电基地之一。1946 年以前，黄河流域内仅有甘肃省的天水水电站和青海省的北山寺水电站，总装机容量仅 378kW。自新中国成立以来，在黄河干流修建了一系列大中型水电站，支流上的小水电站也是星罗棋布。截至 2007 年年底，黄河流域干支流已建、在建的水电站 535 座，装机容量 21381MW，年发电量 737.3 亿 kW·h，容量和电量分别占技术可开发量的 61.2% 和 59.3%[110]。

干流已建、在建的水利枢纽和水电站工程有龙羊峡、拉西瓦、李家峡、公伯峡、刘家峡、积石峡、万家寨、三门峡、小浪底等共 27 座，发电总装机容量 19042MW，年平均发电量 636.9 亿 kW·h，分别占黄河干流可开发水电装机容量和年发电量的 62.2% 和 60.4%，是全国大江大河中开发程度较高的河流之一[110]。水利水电工程建设对促进流域经济社会发展和黄河治理都起到了很好的作用，发挥了巨大的综合效益。

黄河支流水力资源理论蕴藏量为 10485MW，技术可开发水电装机容量为 4330MW，年发电量为 188.0 亿 kW·h。支流上已建、在建 500kW 以上的水电站共有 509 座，总装机容量约 2429MW，年发电量 104.0 亿 kW·h，水电开发主要集中在上游的湟水（含大通河）、洮河、隆务河、曲什安河、宝库河和大夏河等支流，以及中游的渭河、汾河、伊洛河、沁河等支流，技术可开发水电装机容量为 4330MW，年发电量为

188.0 亿 kW·h。根据黄河流域有关规划，到 2030 年，黄河上游支流水电站装机容量达到 3019.9MW，中游支流将建成水电站 59 座，装机容量约 268.4MW，装机容量达到 1221.4MW。

二、各具特色的黄河水电站

黄河干流自上而下，重要的水电站包括龙羊峡、拉西瓦、李家峡、公伯峡、刘家峡、盐锅峡、青铜峡、海勃湾、万家寨、三门峡、小浪底等 10 多座。这些峡谷明珠成为我国电力资源的重要组成部分，点亮了偏僻山村和繁华城市里的万家灯火，形成了一幅万里长河、万家灯火的锦绣图画。

1. 上游第一座大型水电站

远古以来，每一次青藏高原的剧烈抬升，都会切割山脉形成峡谷。黄河形成距今已有数万年，龙羊峡所处的黄河河道在这数万年里从未改变过，正所谓"高原古水道，大河第一峡"。

龙羊峡水利枢纽位于青海省共和县与贵德县交界的干流峡谷进口段（图 5-28）。黄河自西向东穿行于峡谷中，是人类有史以来在青藏高原修建的第一座大型水利工程，人称黄河"龙头"电站。龙羊峡水电站将奔腾不息的黄河"拦腰截断"，形成了总库容 247 亿 m³ 的水库，水量相当于 1700 个杭州西湖，是黄河上库容最大、调节性能优良的多年调节水库。

龙羊峡水电站是以发电为主，兼有防洪、灌溉、防汛、渔业、旅游等综合功能的大型水利枢纽。除了发电外，龙羊峡水库通过对径流的多年调节，增加黄河枯水年特别是连续枯水年的供水能力，提高上游梯级电站的发电效益。龙羊峡大坝这个钢筋水泥铸就的庞然大物将黄河"拦腰截断"，峡谷绝险，涛声雷动，大坝巍峨，构成了一幅奇妙的大自然画卷。

2. 装机最大的水电站

拉西瓦水电站是黄河上游龙羊峡至青铜峡河段中第二座大型梯级电站，位于青海省贵德县拉西瓦镇境内的黄河干流段（图 5-29），是黄河上最大的水电站和清洁能源基地，也是黄河流域大坝最高、装机容量最大、发电量最多的水电站。

图 5-28　龙羊峡水电站（董保华　摄）

图 5-29　拉西瓦水电站（董保华　摄）

3. 获奖最多的水电站

公伯峡水电站是黄河上游龙羊峡至青铜峡河段中第四个大型梯级水电站（图 5-30），位于青海省循化撒拉族自治县和化隆回族自治县交界处的黄河干流上。工程以发电为主，兼顾灌溉及供水。电站装机容量 1500MW，年发电量 51.4 亿 kW·h，是西北电网中重要的调峰骨干电站之一，可改善下游 16 万亩土地的灌溉条件。

公伯峡水电站是国内首座采用大泄量水平旋流消能技术的水电站，作为国家"十五"重点工程，它是我国西电东送北部通道的第一颗明珠，入选"新中国成立 60 周年百项经典暨精品工程""中国百年百项杰出土木工程"。公伯峡水电站像是一尊气势恢宏的纪念碑，在世界屋脊与深沟险壑交相辉映，被誉为中国水电工程建设管理的样板工程，为我国电源建设刻下了苍劲的一笔。

图 5-30　公伯峡水电站（董保华　摄）

4. 兴建最早的水电站

　　盐锅峡水电站是我国在黄河上修建的第一座水电站，位于甘肃省永靖县（图5-31），是在黄河干流上最早建成的以发电为主，兼有灌溉效益的大型水利枢纽工程，被誉为"黄河上的第一颗明珠"。1958年9月正式动工，1961年11月第一台机组投产发电。

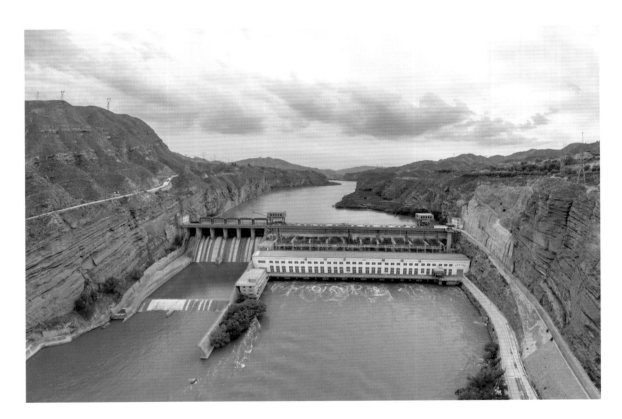

图 5-31　盐锅峡水电站（董保华　摄）

5. 最早的闸墩式水电站

　　青铜峡水电站是中国最早的闸墩式水电站，位于黄河中下游，宁夏青铜峡峡谷出口处，是一座以灌溉与发电为主，兼有防洪、防凌和工业用水等效益的综合性水利枢纽工程（图5-32）。电站为水闸形式，机组布置在每个宽21m的闸墩内，总装机容量27.2万kW，年发电量10.4亿kW·h。工程于1958年8月开工，1967年12月投入运行，1978年建

图 5-32　青铜峡水电站（董保华　摄）

成。枢纽布置了秦汉渠、唐徕渠和东高干渠三大灌溉渠道，灌溉面积 36.67 万 hm²。枢纽的兴建结束了宁夏灌区 2000 多年无坝引水的历史。

6. 万里黄河第一坝

新中国成立之初，面对极其困难的局面，党和国家集全国之力，建成了新中国在大江大河上的第一座大型水利枢纽——三门峡水利枢纽。黄河安澜，由此拉开了序幕。

三门峡水利枢纽位于黄河中段下游、河南省三门峡市和山西省平陆县交界处（图 5-33），具有发电、防洪、防凌、灌溉等综合利用效益，是新中国在大江大河上的第一座大型水利枢纽，被称为"万里黄河第一坝"。

1952 年 10 月，毛泽东主席到水患频发的黄河下游考察时发出了"要把黄河的事情办好"的伟大号召。经过 100 多名中外专家查勘论证，国家决定以三门峡为坝址修建水利枢纽工程。1955 年 7 月 30 日，第一届全国人民代表大会第二次会议通过决议，决定在黄河干流兴建三门峡水利枢纽工程，确定该工程为根治黄河的第一期重点工程。随后，三门峡工程被列入

图 5-33　改建后的三门峡工程

苏联援助的 156 个重点工程项目之一，成为我国"一五"计划中唯一的水利水电工程项目。

由于三门峡水利枢纽是新中国成立后拟在黄河上修建的第一座水利工程，当时引起了全社会的关注，在全国范围内开展了广泛的讨论，支持和反对的声音相互胶着，争议持续不断。陕西省对水库引起的移民和淹没问题非常重视，多次与中央领导及相关部门沟通坝址高程问题。水利部也专门召开持续 15 天的专家讨论会，张含英、李赋都、汪胡桢、黄万里、温善章、谢鉴衡、方宗岱等一大批水利专家，围绕水库功能定位、泥沙处理、坝址高程、运用方式等进行了充分交流和讨论[111-112]。毛泽东主席、周恩来总理高度重视，周总理多次召开会议听取不同意见。经过激烈的讨论，各方最终形成了相对一致的意见。随后，全国各地的工程建设者，如潮水般涌向水利工程的圣地——三门峡，在各种条件都很简陋的情况下，克服重重困难，用青春和汗水浇筑起万里黄河第一坝，有人将其称为"骑在黄河脖子上的战斗"[113]。

建成初期，水库淤积严重，并导致上游支流渭河淤积，威胁西安防洪安全。毛泽东主席听到陕西省的反映后十分重视，曾对周恩来说："三门峡不行就把它炸掉！"（《红墙知情录 1：新中国的风雨历程》，当代中国出版社）但随着通过不断调整优化水库的运用方式，再加上水土保持等综合治理，三门峡水利枢纽一直持续发挥综合效益。

三门峡水库则是我国大江大河上的"第一坝"，被誉为"新中国水电建设的摇篮"。诗人贺敬之曾赋诗曰："展我治黄万里图，先扎黄河腰中带，……银河星光落天下，清水清风走东海。"目前，库区已经形成了良好的生态系统，水库所在的三门峡市也依托水库，探索包括水库泥沙资源利用在内的产业化发展和治理途径，积极打造国家级山水林田湖草沙综合治理试验示范区。

7. 控制流域面积最大的水电站

小浪底水电站位于黄河中游干流最后一个峡谷的末端，坝址以上流域面积 69.42 万 km²，占全流域的 92.2%（图 5-34）。水库以防洪（包括防凌）、减淤为主，兼顾供水、灌溉和发电，除害兴利，综合利用，控制了全河 91.2% 的径流量、近乎 100% 的泥沙，总库容高达 126.5m³，拦沙库容为 75.5 亿 m³，是控制黄河下游洪水、协调水沙关系的最关键工程。水电站装机容量为 1800MW，年平均发电量为 51 亿 kW·h。

图 5-34 小浪底水利枢纽全景（殷鹤仙 摄）

除此之外，黄河上还有许多水电站，虽不如以上这些水电站有"名气"，却也为区域经济社会发展作出了巨大贡献。

8. 首座双排机水电站

黄河上游水电梯级开发中的第三座大型水电站——李家峡水电站（图5-35），位于青海省尖扎县和化隆县交界处的黄河干流李家峡河谷中段，是中国首次采用双排机布置的水电站，也是世界上最大的双排机水电站。

图5-35　李家峡水电站（董保华　摄）

9. 首座百万千瓦级水电站

刘家峡水电站是中国首座百万千瓦级水电站，位于甘肃省永靖县境内的黄河干流段（图5-36），年发电量 57 亿 kW·h，比新中国成立初期全国一年的发电量还多。该电站厂房有 20 层楼高，全部为我国自行设计施工。

图 5-36　刘家峡水电站（董保华　摄）

10. 万家寨水利枢纽

万家寨水利枢纽位于黄河北干流的上段（图5-37），主要任务是供水结合发电调峰，兼有防洪、防凌作用。电站装机容量1080MW，水库年供水量14亿m³，对缓解晋、蒙两省（自治区）能源基地、工农业用水及人们生活用水紧张状况具有重要作用。

11. 海勃湾水利枢纽

海勃湾水利枢纽位于内蒙古自治区境内的黄河干流（图5-38），距乌海市区3km，工程开发任务以防凌为主，结合发电，兼顾防洪和改善生态环境等综合利用。

图5-37 万家寨水利枢纽（董保华 摄）

总的来说，黄河上游已建的龙羊峡、李家峡、公伯峡、刘家峡等水电站形成了西北电网的水电基地，为工农业和城乡人们生活提供了稳定、可靠和廉价的电力，为西北电网提供了可靠的调峰电源。黄河中游的小浪底水利枢纽自建成以来，一直是河南电网最主要的调峰电源，对缓解电网调峰容量不足起到了至关重要的作用。此外，支流的中小水电开发和农村电气化建设提高了农村地区供电保障率，有效调整了产业结构，促进经济发展，为山区农民脱贫致富奔小康创造了有利条件。同时，农村小水电以电代柴，还有利于保护森林植被、改善气候，促进生态良性循环。

图 5-38　海勃湾水利枢纽（董保华　摄）

　滋润万顷良田的引黄灌区

　　利用河水进行灌溉，是人们自古以来的梦想。千百年来，人类修筑简单的塘坝蓄水以保障生活用水和农田灌溉。著名的都江堰工程便是为了灌溉而修建的，工程建成后，浇灌出成都平原的万顷良田。

　　黄河流域的气候条件与水资源状况，决定了农业发展在很大程度上依赖于灌溉。黄河流域灌溉事业历史悠久，许多古灌区遗址反映了古人在利用黄河水灌溉方面的智慧。战国时期（公元前 246 年）兴建的郑国渠引泾河水灌溉农田 210 万亩，使关中地区成为良田；秦汉时期宁夏平原引黄灌溉，使荒漠泽卤变成"塞上江南""鱼米之乡"；北宋时期在黄河下游引水沙淤灌农田。20 世纪 20 年代修建的泾惠渠等"关中八惠"，是国内较早一批具有先进科学技术的近代灌溉工程。

　　岁月变迁，古灌区有的冲毁淤废，有的整修合并，有的至今仍在发挥作用。新中国成立后，进行了声势浩大的灌区改造，灌溉规模空前发展，灌溉体系不断完善，奠定了黄河

流域农业生产在全国的重要地位。

一、历史悠久的古代灌区

马克思在其所著的《不列颠在印度的统治》一文中指出，利用运河和水利工程灌溉是东方农业的基础[114]。的确，中国兴修农田水利由来已久，提起中国最早的灌溉工程，可追溯到公元前 600 年左右春秋时期黄河流域的滮池（在今陕西省咸阳西南），《诗经》中有"滮池北流，浸彼稻田"的记载。据统计，唐朝时期全国已有 250 余处灌区，其中灌溉面积千顷以上的灌区有 33 处[119]。

1. 西门豹与漳河十二渠

战国初期，黄河流域开始出现大型引水灌溉工程，著名的西门豹治水便发生在这个时期。西门豹治水发生在漳河流域的邺城县，漳河在西汉末年以前属于黄河水系，后因黄河南徙，才纳入海河水系。

公元前 422 年，西门豹（图 5-39）任邺城县令，西门豹察访民间疾苦，除掉了"河伯娶妻"的恶俗，惩治了贪官污吏和巫婆。他主持查勘水脉，规划修筑了引漳十二渠，灌溉农田，"引漳以溉邺，民赖其用"，使大片的土地得到了漳河水灌溉。《史记》记载，西门豹"引漳溉邺，以富魏之河内"。采用一渠一口的方式，共有 12 个取水口，称为"十二墱"，晋人左思《魏都赋》中称赞道"墱流十二，同源异口。蓄为屯云，泄为行雨"，明朝流传着"持酒登堂酬西门，邺城千载甘棠芬"的诗句，体现了人们对西门豹的怀念和赞扬。引漳十二渠比李冰所筑的都江堰还早 160 多年[115]，这座 2400 多年前的水利工程还在发挥效益，"至今皆得水利，民人以给足富"[116]。后人铸造了雕像以纪念西门豹的治水功绩。

图 5-39　西门豹雕像

2. 为秦建万世之功——郑国渠

公元前 246 年，秦在陕西兴建了郑国渠，引泾河水进行灌溉，即"泽卤之地"，"于是关中为沃野，无凶年，秦以富强，卒并诸侯"。郑国渠的修建为秦国丰富的粮产提供了有力支撑，为秦统一中国起到了助推作用（图 5-40）。

但是，郑国渠兴建的初衷并不是为了助秦强大，而是为了"疲秦"。秦国自商鞅变法后实力大增，与之毗邻的韩国为了自保，想出了一条"疲秦"之计。派韩国水利工程师郑国到秦国，说服秦国兴修水利，企图使秦国把大量的精力投入到工程建设上，耗竭秦国国力。然而，工程修了一半时这条"计谋"暴露了，秦王嬴政扬言要杀了郑国，郑国却毫无惧色，说出了一句使秦王改变主意的话："渠成……为韩延数岁之命，而为秦建万世之功"，一句话保全了性命，最终完成了工程。据史学家统计，郑国渠灌溉 115 万亩，足以供应秦

图 5-40　郑国渠经历代改建演变为今日泾惠渠

国 60 万大军的军粮[117]，于是"秦以富强，卒并诸侯"，郑国渠让秦国如虎添翼，"六王毕，四海一"的大秦帝国随之横空出世[118]，正所谓盛世风流、"水"主沉浮。

　　郑国渠的修建和运用开启了关中地区引水灌溉的先河，此后 2000 多年，关中地区灌溉事业持续发展。汉代修建六辅渠和白渠，扩大了郑国渠的灌溉面积，同时在渭河上修建了成国渠、灵轵渠等，以致关中地区成为全国最为富饶的地区。唐代的郑白渠、宋代的丰利渠、元代的王御史渠、明代的广惠渠、民国的泾惠渠等，一脉清流滋润着三秦大地，奏出了长盛不衰的铿锵音符[118]。

3. 塞上江南——宁夏古灌区

　　在内蒙古高原南麓的广袤沙漠之间，黄河流经贺兰山下的宁夏平原，2000 多年历史悠久的引黄灌溉，造就了中国最古老的大型灌区——宁夏引黄古灌区。宁夏引黄古灌区起源于屯垦戍边，秦汉时期实行屯垦戍边政策，在宁蒙河套平原开垦了大片土地。宁夏平原南高北低，睿智的古人利用其独特的地理条件发展引黄灌溉，"天堙分流引作渠，一方擅利溉膏腴"。

灌区南接萧关与关中平原，北尽乌兰布和沙漠，东临鄂尔多斯台地，西靠贺兰山天然屏障。据《史记》记载，此地区原为羌戎游牧所居之地，秦始皇统一六国后，在此建城置县，迁数万人至此垦殖守边，引黄灌溉农业得到了初步开发。汉武帝时期，铁制工具的广泛应用加快了兴修水利的进程，灌溉事业得到普遍发展[119]。后经魏晋、隋唐、宋元明清等历代开凿整修，灌区面积不断扩大，逐步形成了秦渠、汉渠、汉延渠、唐徕渠、东干渠、西干渠、惠农渠、大清渠、泰民渠、七星渠、美利渠、跃进渠等数十条引黄渠道，宁夏平原沟渠阡陌、旱涝无虞，谷稼殷积、物阜民丰，成就了"天下黄河富宁夏"的引黄灌溉传奇。明史记载"黄河在天下皆为害，独宁夏为利"。

2017 年，宁夏引黄古灌区成功列入世界灌溉工程遗产名录，被称为世界灌排工程的典范，是古代水利工程的经典之作[120]。

4. 引洛两千载，秦东变沃野

龙首渠引洛古灌区位于陕西省渭南市，修建于西汉时期，是北洛河流域最早、最宏伟的自流灌溉工程，距今 2100 多年，是集灌溉、盐碱地改良等多功能于一体的综合性水利工程。

汉武帝时，国力强盛，当时，临晋（今大荔县）郡守上书称，当地百姓希望开挖一条渠道，引洛水灌溉重泉（今蒲城县东南）以东的盐碱地。汉武帝征调一万多人历经 10 余年进行施工，在施工过程中挖出了"龙骨"，即恐龙化石，从而得名龙首渠[121]。

在修建渠道的过程中，古人首创"井渠法"，用均匀布设的竖井把长距离的地下渠道分割成多个部分，分别施工，相向开挖，提高了开挖效率，充分体现了先民们的智慧。司马迁称"井渠之生自此始"，近代学者王国维在《西域井渠考》中考证，"井渠法"沿着丝绸之路先后传到新疆及中亚等地，有研究者认为其是著名的坎儿井的前身[121]。

工程建成后，历朝历代均对工程进行了不同程度的修缮。民国时期，著名的水利专家李仪祉受时任陕西省政府主席杨虎城的邀请，回陕西筹划水利建设。李仪祉在龙首渠的基础上规划修建了洛惠渠，成为著名的"关中八惠"之一。2020年，龙首渠引洛古灌区入选世界灌溉工程遗产名录。

人们对龙首渠灌区给予了很高的评价，称其为"肇始于西汉，筑陂于三国，重开于北周，显效于大唐，不绝于宋元，泉溉于明清，重修于民国，振兴于当代"，正如李仪祉先生在灌区一渡槽上的题字——"大旱何须望云至，自有长虹带雨来"。

二、水丰河美的现代灌区

黄河流域及相关地区是我国农业经济开发的重点地区，小麦、棉花、油料、烟叶、畜牧等主要农牧产品在全国占有重要地位，上游宁蒙河套平原、中游汾渭盆地、下游黄淮海平原，都是我国主要的农业生产基地。新中国成立之后，在黄河流域进行了大规模水利建设，不仅改造扩建了老灌区，还兴建了一批大中型灌区，在农业生产中具有支柱作用。

20世纪60年代，随着三盛公及青铜峡水利枢纽的相继建成，宁夏、内蒙古平原灌区引水得到保证，汾渭平原的灌溉发展也进入了新的阶段。20世纪70年代，在上中游地区先后兴建了甘肃景泰川灌区、宁夏固海灌区、山西尊村灌区等一批高扬程提水灌溉工程，干旱的高原变成了高产良田，增产效果显著。截至2007年，黄河流域灌区耕地面积合计为3.04亿亩，占全国的16.6%，有效灌溉面积为1.11亿亩，占全国的13.2%，粮食总产量达6685万t，占全国的13.4%[110]。

目前引黄灌区遍及大河上下，流域（含供水区）万亩以上的灌区747处，其中，大型灌区84处，中型灌区663处，主要分布在湟水两岸、甘宁沿黄高原、宁蒙河套平原、汾渭盆地、黄河下游平原、河南伊洛河、沁河及山东大汶河河谷川地等，其中宁蒙河套地区、汾渭盆地和下游地区，占流域灌溉面积的80%[122]（图5-41），其余灌区集中在青海湟水河谷及甘肃中部地区。

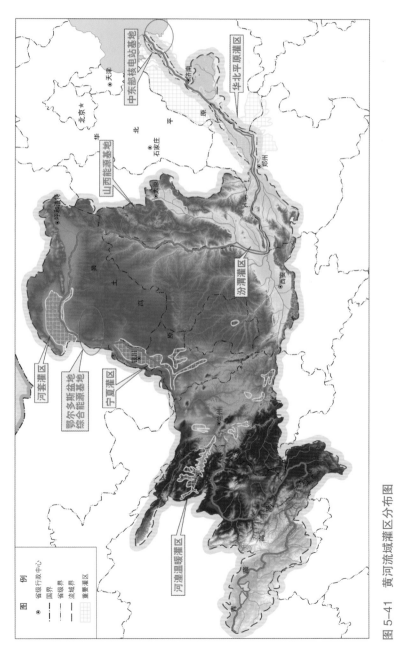

图5-41 黄河流域灌区分布图

（一）清水润育的青甘灌区

黄河上游尤其是兰州以上地区是黄河的主要产水区，水多沙少，为引黄灌溉提供了丰沛的水源供给。湟水是黄河的一级支流，流域集中了青海省 59.3% 的人口、62.6% 的耕地和 54.9% 的灌溉面积以及 56% 的国内生产总值。目前湟水川地大部分已实现灌溉，现状有效灌溉面积 191 万亩。

甘肃省万亩以上灌区主要集中在甘肃省临夏州、定西市、兰州市、白银市、天水市、平凉市和庆阳市的 33 个县（区），分布范围较广，有效灌溉面积 3703km²，实际灌溉面积 3148km²。灌区建设对农业生产发展、社会稳定、当地生态环境改善起到了重要作用。灌区包括有提水、自流引水、井灌和其他 4 种类型，其中以提水和自流引水为主。甘肃景泰川灌区便是典型的电力提黄灌溉工程。景泰川位于甘肃省景泰县境内，东临黄河，北靠腾格里沙漠，地势高出黄河水位 250~450m，由于水低地高，发展自流灌溉受到限制。为彻底改变干旱贫困面貌，发展高扬程电力提灌，提黄河水上景泰川，是广大人民翘首期待的迫切愿望。该工程是甘肃省解决农业生产干旱缺水的一项大型骨干工程，地跨景泰、古浪两县，总体规划提水流量 40m³/s，灌溉面积 100 万亩。

（二）重获新生的宁夏灌区

经历了 2000 多年的积蓄和沉淀，以及不断改造和完善，宁夏古灌区在现代科技的支撑下持续发挥作用。随着水利工程科技的广泛应用，灌区工程体系进一步发展完善，一些传统的工程结构材料被更新。1968 年建成的青铜峡水利枢纽和 2004 年竣工的沙坡头水利枢纽，整合优化了宁夏引黄灌溉系统，进一步扩展了灌溉范围，提高了灌溉保证率（图 5-42）。

如今，宁夏引黄灌区总面积将近 1000 万亩（5520km²），灌区内干渠 25 条，总长 2454km，各类控制工程 9265 座。灌区干渠中历时超过 100 年的渠道有 14 条，长 1292km，灌溉面积达到 3627km²，秦渠、汉渠、唐徕渠等，一条条以重要朝代命名的渠道沿用至今，见证着宁夏地区灌溉文明的延续与发展[119]。灌区沿黄河两岸地形呈 "J" 形带状分布，已经成为中国西北部最重要的农业经济区之一，是宁夏主要粮、棉、油产区，也是全国 12 个商品粮基地之一。

（三）水盈粮丰的河套灌区

了解地理知识的人们知道，内蒙古高原草场密布，是放牧的好地方。但是内蒙古却是

图 5-42　黄河哺育的宁夏良田（董保华　摄）

我国重要的农产品以及粮油产品生产基地，其中的缘由就是因为这里有着被黄河水浇灌的千万亩良田，"且溉且粪，长我禾黍"，一个农牧交错带的农产品生产基地由此诞生。

　　在黄河"几"字弯的河套地区，地处北纬 40°～42°，这里是农牧分界线地区，同时也是生产优质农作物的黄金纬度，历史上黄河游荡摆动形成了广阔的冲积平原。在这里，黄河水滋润着 1000 多万亩的良田，称为河套灌区。河套灌区年引黄水量 47 亿 m³，占黄河过境水量的 1/7，在得力灌溉的保障下，携带营养物质的黄河水、气温、光热以及当地水土配合得刚刚好，农业在这里蓬勃发展。河套灌区是我国著名的大型灌区之一（图 5-43），西起乌兰布和沙漠东缘，东至呼和浩特市东郊，北界狼山、乌拉山、大青山，南倚鄂尔多

图 5-43　河套灌区引水渠道（三盛公水利枢纽）（董保华　摄）

斯台地，灌区面积 1100 多万亩，有效灌溉面积 861 万亩，是亚洲最大的"一首制"灌区以及全国三个特大型灌区之一。在黄河水的滋润下，这里成了国家重要的商品粮、油生产基地。

　　经过几十年的建设，河套灌区形成了总干渠、干渠、分干渠、支渠、斗渠、农渠、毛渠七级引水灌溉体系，覆盖整个河套地区。总干渠全长 230km，相当于清朝皇帝从北京到承德避暑所走的距离，而深入田间地头的支斗农毛渠共有 8 万多条，加起来的长度为 6.4 万 km，相当于绕了地球赤道一圈半，人们形象地称这条引水干渠为"二黄河"。自然的黄河摆动不定，且有洪水、有干旱，但是"二黄河"是人工的，相对稳定可控，为 1000 多万亩灌区的形成奠定了坚实基础。

　　在建成引水系统后，人们又修建了排水工程，形成了一套总排干沟、干沟、分干沟、支沟、斗沟、农沟、毛沟七级排水配套体系，农作物在喝水的同时也排水，将农田里的盐碱带走，有效地解决了灌区土地盐碱化问题。

（四）沃野千里的汾渭灌区

汾渭灌区包括陕西关中盆地灌区及山西汾河盆地灌区，灌溉历史悠久，是两省的农业生产基地。汾河灌区位于山西省中部太原盆地，分布在汾河两岸，跨太原、晋中、吕梁三市，灌区土地面积 205.55 万亩，是山西省最大的自流灌区之一。除农业灌溉外，汾河灌区同时还担负着向太原其他地区的工业、生态以及公共事业的供水任务。关中灌区总面积为 966.7 万亩，灌溉面积为 888 万亩。

（五）地利物丰的下游灌区

黄河上中游地区川谷相间，黄河在山谷中流淌，两岸耕地无法得其利，俗语道"水在谷中流，人在坡上愁"，通过建设了一大批高扬程提水灌溉工程，使当地的抗旱能力得到极大的提高，基本解决了"望天收"的状态。

黄河下游地区则截然不同，黄河下游是"地上悬河"，两岸是海河、淮河平原地区，从防洪的角度看，黄河俨然成为华北平原的"达摩克利斯之剑"，但从灌溉的角度看，黄河下游自流灌溉条件十分优越，华北平原引黄灌区得以成为全国最大的自流连片灌区[123]。

黄河下游引黄灌区横跨黄淮海平原，西起沁河入黄口，东至黄河入海口，包括南北两侧直接引用黄河水灌溉的有关地区，涉及河南、山东两省的 13 个地市，经过几十年的发展，已建成大中型引黄灌区 85 处，是我国重要的粮棉油生产基地。众多的引黄灌区集中连片，形成分布在黄河两岸的庞大引黄灌溉系统，农业生产水平较高，粮食总产量约 6685 万 t，占全国粮食总产的 13.4%，是我国的粮食主产区。其中 30 万亩以上大型灌区 34 处，粮食总产量 2727 万 t[110]。

河南引黄灌区范围涉及三门峡、洛阳、郑州、新乡、安阳、开封、濮阳、商丘 8 个省辖市。截至 2007 年年底，全省共有大、中型引黄灌区 27 个，其中 30 万亩以上的大型灌区 14 个，10 万 ~30 万亩的中型灌区 8 个，1 万 ~10 万亩的灌区 5 个，设计灌溉面积 2064 万亩，占全省耕地面积的 19.1%。人民胜利渠灌区、引沁灌区、小浪底北岸灌区等大型灌区为河南粮食产量主产区的地位提供了有力保障。

1. 新中国引黄第一渠

人民胜利渠灌区（图 5-44）是新中国成立后黄河下游第一个大型引黄灌区。工程于 1951 年 3 月开工，1952 年第一期工程竣工，以后又经续建、扩建，达到目前的规模。人

图 5-44　人民胜利渠灌区（董保华　摄）

民胜利渠的建设拉开了开发黄河中下游水利资源的序幕，结束了"黄河百害，唯富一套"的历史，标志着人民革命和治黄事业的胜利，展示了人民群众的智慧和力量；因此取名人民胜利渠。

人民胜利渠是一个里程碑，此后，黄河中下游沿黄区县引黄工程如雨后春笋般纷纷出现。人民胜利渠的兴建，打破了外国水利专家"黄河无法治理"的论断，在国内外产生了深远影响，曾吸引了30 多位国家元首、政府首脑以及联合国官员、水利专家、外交使团等来此参观、考察。

　　人民胜利渠伴随着新中国成长的步伐，经历了挫折、发展、壮大的艰辛历程，一路走来，硕果累累、功勋卓著。使昔日低洼荒凉的盐碱地变成了高产稳产田，为当地社会经济发展提供了水利支撑，作出了巨大贡献，是造福豫北人民的"幸福渠"！

2. 引沁灌区

　　除了干流上的引黄灌溉，河南省境内的支流上也建有许多灌区（图5-45）。引沁灌区

图 5-45　沁河河口村水库（董保华　摄）

始建于 1965 年，1969 年 6 月通水灌溉。灌区南依黄河，北靠太行山南麓，有总干渠 1 条、干渠 15 条、支渠 138 条（图 5-46），涉及济源市、孟州市、洛阳市吉利区 15 个乡镇的 30 多万亩耕地。

山东省引黄灌区工程建设始于 20 世纪 50 年代后期，建设之初灌溉面积仅为 240 万亩，20 世纪 50—80 年代以每 10 年翻一番的速度递增[124]。目前，全省每年引黄水量占全流域的 1/4，已有 11 个市（地）68 个县（市、区）不同程度地引用了黄河水，黄河水资源已成为沿黄地区国民经济和社会发展的命脉。

3. 位山引黄灌区

位山引黄灌区位于鲁西北黄泛平原，1958 年建成引水，1962 年停灌，1970 年复灌，现控制聊城市的东昌府、茌平、临清、高唐、阳谷、冠县、东阿 7 个县（市）和聊城市开发开放试验区的 110 个乡（镇）的大部分土地，设计灌溉面积 36 万 hm²，设计

图 5-46　引沁灌区引水渠（董保华　摄）

引水流量 240m³/s，是黄河下游最大的引黄灌区[125]。

位山引黄灌区是中国 6 个特大型灌区之一（图 5-47），修建于 1958 年，现有干渠 3 条、分干渠 53 条、支渠 385 条，总长度 3335km，设计灌溉面积 540 万亩，控制 8 个县（市区）大部分区域。

早在 20 世纪初，黄河水利委员会就提出了"维持河流健康生命"的口号，并提出了"堤防不决口，河道不断流，河床不抬高，水质不超标"的治理目标。如今，经过几十年坚持不懈的治理，通过堤防建设、水沙调控、水量调度、生态保护等一系列措施，上述目标已基本实现，呈现在人们面前的是一条新世纪的新黄河。黄河，也由之前的"狂风万里走东海""愁杀黄河万年灾"变为"银河星光落天下，清水清风走东海"，生活在大河两岸的黄河儿女，目睹了黄河旧貌换新颜的时代变迁，这正是："黄河女儿容颜改，为你重整梳妆台，滔滔黄河今涅槃，万里锦绣任你裁。"

图 5-47　位山引黄灌区（董保华　摄）

229

第六章　幸福黄河不是梦

九曲黄河，贯穿古今。黄河，这道神州大地的动脉，似一条深深的血痕，磅礴而又源长地蜿蜒过千沟万壑的土地。千百年来，中华民族既深得黄河哺育泽被之利，又饱受黄河洪水泛滥之苦，无论是文字兴起、洞中陶器抑或博弈千古的璀璨思想，都缘起这条河，中华民族的先民们伴着黄河一路迁徙，才让黄河的种子在960万平方千米的土壤上孕育发芽，在自然的磨砺中生根结朵开花。

逐鹿中原，炎黄相继，从商周的牧野之战到三分天下时的官渡之战，无论是周武王抑或曹孟德，都在黄河旁演绎着无数帧惊心动魄的英雄故事。从孔子叹"逝者如斯"到李白吟"黄河入胸怀"，无论是孔孟之礼或是荡气回肠的诗作，中华民族都以思想引领者的姿态站立于滚滚黄河流水之旁。

奋楫笃行，成就辉煌

　　千百年来，炎黄子孙既得益于黄河与黄土的哺育而生息繁荣，又烦忧于黄河与黄土相伴造成的黄河下游河道淤堵、决口和迁移而治水不止。历朝历代，治黄方略如何制订均是治国安邦的重大决策。何时缚苍龙？古有大禹"疏川导滞"、贾让三策、王景治河，近有潘季驯"束水攻沙"，一代代中国人思索着如何将黄河变害为利，但却一直未能改变黄河这条泥龙恣意游荡的脾气，黄河河床仍继续淤高，泥沙灾害日益积累，以致 1855 年发生了铜瓦厢决口改道这部人间惨剧。

　　人民治黄 70 多年来，党和政府高度重视黄河的治理，投入大量人力、物力进行大规模治黄建设。一代代黄河人系统总结治黄成败经验和科学研究成果，采用综合治理措施，标本兼治、近远结合，上拦下排、两岸分滞，有效控制洪水并妥善解决泥沙问题。如今，人们对黄河的研究与调控实践进入了新阶段，昔日千疮百孔的黄河大堤，而今变成了宏伟的"水上长城"，生机勃勃的黄河似一条生态廊道，成为固守北方生态安全的屏障。在全社会的共同努力下，黄河保护治理取得了丰硕成果，水沙治理取得显著成效、生态环境持续明显向好（图 6-1）、发展水平不断提升，创造了连续 70 多年伏秋大汛岁岁安澜的历史奇迹，实现黄河连续 22 年不断流，为世界江河保护治理提供"中国范例"，治黄成就举世公认世所罕见。

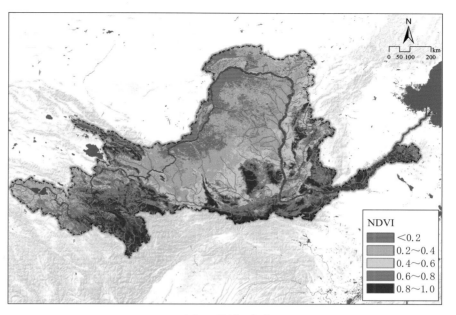

（a）20世纪80年代

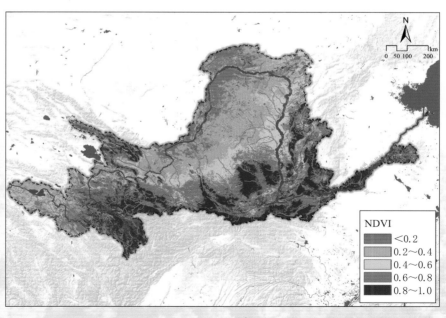

（b）2020年

图6-1 不同时期黄河流域植被覆盖状况

体弱多病，道阻且长

然而黄河毕竟是世界上最难治理的河流，"体弱多病"是黄河的根本特征。自古以来，黄河水患频繁，贻害万方。在黄河保护治理取得重大成效的同时，我们也应当清醒地认识到，先天不足的客观制约，再加上后天失养的人为因素，当前黄河流域仍存在一些突出困难和问题。

一是洪水风险依然存在。自古以来黄河下游一直是水患的重灾区，当前长达 800km 的"地上悬河"形势依然严峻。与此同时，黄河上游宁蒙河段淤积形成新的悬河，威胁两岸社会经济发展，黄河流域防洪短板仍然突出。

二是流域生态环境脆弱。黄河流域位于我国干旱半干旱区，受气候、地形、地貌影响，流域生态环境多样且脆弱的本质特征依然没有改变。同时，随着社会经济的持续发展，生态环境所受到的潜在胁迫仍然存在，针对流域生态环境的后天养护任务依然艰巨。

三是水资源保障形势严峻。黄河水资源严重短缺是不争的事实，自"八七"分水方案以来，流域内各省区水资源供需矛盾日益突出，更为严重的是，黄河流域天然径流量却在持续减小，由"八七"分水方案时期的 580 亿 m^3，减少至目前的 490 亿 m^3（图 6-2），也就是说，需求侧不断增加，供给侧日益萎缩。虽然"黄河之水天上来"，但也不是无限量的，未来如何保障流域社会经济的可持续发展，母亲的乳汁是否够用？涓涓细流弥足珍贵，用好每一滴水是摆在母亲河面前的一个重大问题。

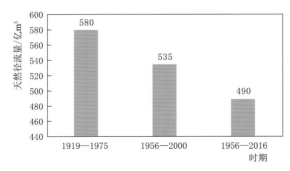

图 6-2　黄河流域天然径流量变化

特别是当前，黄河流域生态保护和高质量发展上升为重大国家战略，生态文明思想深入人心，绿水青山的现实召唤越发强烈，流域两岸人民对高质量生活的需求愈发多元，这些都对新阶段黄河保护、治理和开发提出了新的更高要求。《黄河流域生态保护和高质量发展规划纲要》中提到：黄河流域最大的矛盾是水资源短缺、黄河流域最大的问题是生态脆弱、黄河流域最大的威胁是洪水、黄河流域最大的短板是高质量发展不充分、黄河流域最大的弱项是民生发展不足。因此，从长远来看，黄河安澜中依然隐伏着危机，治黄事业无比艰巨又任重道远。

第三节 系统治理，谋篇开局

2019年9月18日，习近平总书记在黄河流域生态保护和高质量发展座谈会上指出"保护黄河是事关中华民族伟大复兴的千秋大计"，并提出了加强生态环境保护，保障黄河长治久安，推进水资源节约集约利用，推动黄河流域高质量发展，保护、传承、弘扬黄河文化五大任务。这五大任务相辅相成、互相支撑，成为黄河流域国家战略的重要内涵（图6-3）。同时国家战略中也提到了黄河保护治理的最终目标：让黄河成为造福人民的幸福河。

图6-3 黄河流域国家战略五大任务

流域是兼具自然地理空间、社会经济空间、生态环境空间的复合空间系统[126]，流域范围的水文泥沙、社会经济和生态环境等要素在自身良性运转的前提下，彼此间存在复杂的协同和博弈关系，共同影响着流域系统的发展、演化过程。因此，从流域系统整体出发，按照河流服务功能将流域系统划分为行洪输沙、生态环境和社会经济三大子系统。其中，行洪输沙子系统目标定位是保障河流能够安全的永续存在，生态环境子系统关系着流域内河流内部和面上生态环境的优劣和生态功能的可持续发挥，社会经济子系统关系到河流对流域内和受水区范围内区域社会经济发展的支撑作用。

黄河流域三大子系统是一个有机的生命共同体，彼此依托、相互依赖，互为约束、共生共荣。行洪输沙子系统，与其水文泥沙特性直接相关，而水文泥沙特征的变化受社会经济子系统和生态环境子系统的发展状况影响显著[7]。如图6-4所示，从黄河水沙历时变化过程看，2000年是一个分水岭，前后两个阶段的年输沙量明显不同，与流域国民生产总值（GDP）和归一化植被指数（NDVI）的关系也出现了巨大变化。1980—2000年流域经济发展水平不高，流域NDVI在较低水平波动，造成年输沙量也居高不下，约8亿t；

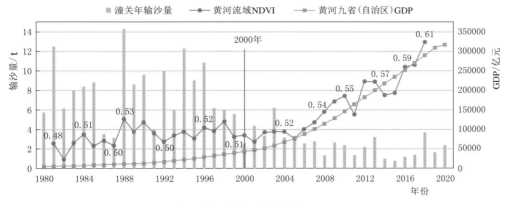

图6-4　黄河水沙过程变化与社会经济和生态环境变化关系

2000年以后，国家全面启动了退耕还林工程，流域NDVI迅速增大了近20%，产生了明显的减沙效果，黄河水沙持续减少至2.5亿t。

黄河流域所面临的各种问题并非孤立存在，流域系统保护治理与区域社会经济可持续发展的有机协同是社会进步的必然选择[99]。特别是为了国家安全总体布局，水资源情势本就十分严峻的黄河还需要为永定河流域、雄安新区等流域外区域实施生态补水(图6-5)，这更增加了黄河保护治理的难度。因此，推动黄河流域生态保护和高质量发展重大国家战略的实施，这就必须从流域系统整体性出发，统筹不同国家安全战略需求，提高黄河流域系统治理的科学性，强化黄河水沙调控的精细化，提升系统治理措施的协调性[127]。2020年，中国水利学会成立了流域发展战略专业委员会，致力于推动流域生态保护和高质量发展的先进理念、理论和技术方法研究，开展流域综合治理相关的学术交流、技术咨询、国际合作等工作，促进形成"产—学—研—用—管"全链条式的流域发展战略运行管理机制，从流域生态—社会经济大系统的全视角开展流域发展战略研究，全面支撑国家战略实施，促进人水和谐共生，推动生态文明建设。

国家层面也提出了要坚持山水林田湖草沙综合治理、系统治理、源头治理，坚持生态优先、绿色发展，以水而定、量水而行，因地制宜、

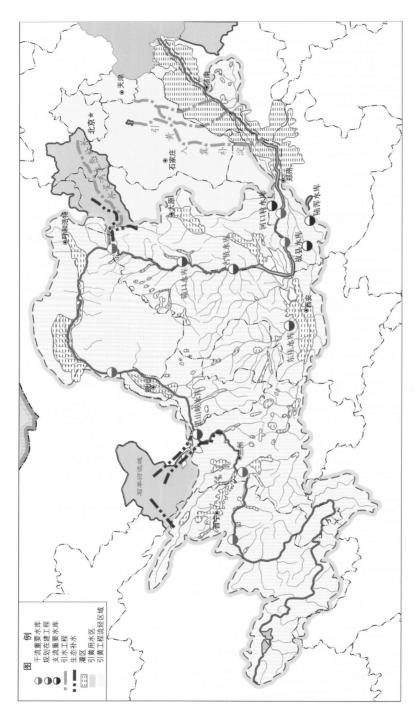

图6-5 涵盖流域外受水区的黄河流域系统

分类施策，上下游、干支流、左右岸统筹谋划，共同抓好大保护，协同推进大治理。

　　知之愈明，则行之愈笃。按照国家战略的总体要求，针对黄河流域目前面临的挑战和问题，当前黄河流域系统保护治理，聚焦国家战略提出的五大任务。把完善水沙调控和水资源配置体系作为重中之重，逐步完善以骨干水库为主的水沙调控体系，推动下游标准化堤防现代化提升，加快实施下游河道和滩区综合提升治理[128]。强化水资源最大刚性约束，促进流域发展动力转换和效率变革，走好水安全有效保障、水资源高效利用、水生态明显改善的集约节约发展之路。坚持系统治理、源头治理、综合治理，提升流域水生态环境质量和稳定性。同时，提升流域治理管理智慧化水平，完善流域治理管理体制机制。

　　治河历史文化承载着中华民族与自然相处的经验和智慧，新阶段需要将其总结到位、传播开来、传递下去，在黄河保护治理的新征程上以史为鉴、向史而新。2021 年 10 月，黄河标志与黄河吉祥物（图 6-6）正式发布。黄河标志由九条指纹组成，彰显黄河儿女集体宣誓保护母亲河、建设幸福河，寓意中华文脉源远流长、生生不息、薪火相传。黄河吉祥物以"少年轩辕黄帝、少年河洛郎、仰韶彩陶娃、少年黄河龙、黄河鲤鱼、镇河铁牛"为创意，由六个被亲切地称作"黄小轩、河小洛、宁小陶、天小龙、夏小鲤、平小牛"的"河宝"组成。这组可爱的萌宠天团，与"黄河宁天下平"主题口号相呼应，将向世界传递黄河流域生态保护和高质量发展的美好愿景。

图 6-6　黄河标志与黄河吉祥物

　　2022 年 10 月 30 日，中华人民共和国第十三届全国人民代表大会常务委员会第三十七次会议全票表决通过《中华人民共和国黄河保护法》，自 2023 年 4 月 1 日起施行。将黄河保护治理中行之有效的普

遍性政策、机制、制度等予以立法确认，以法律形式界定各方权责边界、明确保护治理制度体系，规范对黄河保护治理产生影响的各类行为，完善黄河流域生态保护和高质量发展的法治保障体系，对于充分发挥法治固根本、稳预期、利长远的保障作用，让黄河成为造福人民的幸福河具有重要意义。

"长江浩荡万里，黄河九曲连环，淮河水阔浪涌，珠江千里流翠……"《人民日报》曾这样数点我国的大江大河。每一条河流都有其独特之处，在生态文明理念的引导下，大江大河连山襟海，装扮大美中国。作为中华民族的母亲河，黄河在新的时代仍然赋予大地生机，给予人们希望。

黄河安澜是中华儿女的千年期盼，"让黄河成为造福人民的幸福河"，这是一句划时代的口号，也是千百年来居住在中华大地上的人们梦寐以求的夙愿。到了科技飞速发展的今天，依托现代化的治理体系和治理能力，黄河的长远安澜不再是一方人民的美梦与幻想。新的时代，百川磅礴汇聚复兴伟力，大河奔涌奏响澎湃乐章，黄河儿女再启新程，扬帆正当时，奋楫谱新篇，大河上下气象万千。

新时代，新征程，乘风破浪稳驭舟，务实奋进向未来，千秋大河再启航。黄河长治久安非朝夕之功，千年期盼亦需以尺寸之功累积达成，只要抱定不畏险远的意志，不弃微末、不舍寸功，坚持系统治理和科技引领，我们将在新的时代，护送大河浩荡东流，在新的起点上续写幸福河建设新篇章！

参考文献

［1］ 戴英生 . 黄河的形成与发育简史 [J]. 人民黄河 , 1983(6):4−9.

［2］ 翟明国 . 华北克拉通 2.1 ～ 1.7Ga 地质事件群的分解和构造意义探讨 [J]. 岩石学报 ,2004(6):42−53.

［3］ 王云山 , 高晓峰 , 王辉 , 等 . 西域陆块的建立及其地质意义 [J]. 西北地质 ,2009,42(2):38−47.

［4］ 侯全亮 . 黄河文化 . 黄河的身世 [R/OL].(2020−09−01)[2023−02−10]. 微信公众号 : 大河春秋 .

［5］ 刘国纬 . 江河治理的地学基础 [M]. 北京 : 科学出版社 ,2017.

［6］ 刘志杰 . 青藏高原隆升与黄河形成演化 [C]// 全国博士生学术论坛——地球科学分论坛 , 2006.

［7］ 高长起 . 地质年代的单位划分及其名称溯源 [J]. 生物学通报 , 1994, (7):25−26.

［8］ 袁宝印 , 汤国安 , 周力平 , 等 . 新生代构造运动对黄土高原地貌分异与黄河形成的控制作用 [J]. 第四纪研究 , 2012, 32(5):829−838.

［9］ 邢成起 , 丁国瑜 , 卢演俦 , 等 . 黄河中游河流阶地的对比及阶地系列形成中构造作用的多层次性分析 [J]. 中国地震 ,2001(2):87−101.

［10］ 王苏民 , 吴锡浩 , 张振克 , 等 . 三门古湖沉积记录的环境变迁与黄河贯通东流研究 [J]. 中国科学 (D 辑 : 地球科学),2001(9):760−768.

［11］ 吴锡浩 , 蒋复初 , 王苏民 , 等 . 关于黄河贯通三门峡东流入海问题 [J]. 第四纪研究 ,1998(2):188.

［12］ 张抗 . 黄河中游水系形成史初探 [J]. 第四纪研究 , 1989, 8(1):185−193.

［13］ 王星光 . 大禹治水与早期农业发展略论 [J]. 中原文化研究 , 2014(2):35−40.

［14］ 水利部 , 中国河流泥沙公报 [M]. 北京 : 中国水利水电出版社 ,2022.

［15］ Fink D F, Mitsch I J. Hydrology and nutrient biogeochemistry in a created river diversion oxbow wetland[J]. Ecological Engineering, 2007(2): 93−102.

［16］ Görgényi J, Tóthmérész B, Várbíró G, et al. Contribution of phytoplankton functional groups to the diversity of a eutrophic oxbow lake[J]. Hydrobiologia, 2019(1): 287−301.

［17］ 龚时旸，熊贵枢．黄河泥沙来源和地区分布 [J]. 人民黄河，1979(1):9–20.

［18］ 朱显谟．黄土高原的形成与整治对策 [J]. 水土保持通报,1991(1):1–8.

［19］ 朱显谟，任美锷．中国黄土高原的形成过程与整治对策 [J]. 中国水土保持，1992(2): 4–10.

［20］ 景才瑞．黄河中游黄土形成的冰期——风成说 [J]. 科学研究论文集 (自然科学版)，1965(1):42–50.

［21］ 王兆印，王文龙，田世民．黄河流域泥沙矿物成分及其分布规律 [J]. 泥沙研究,2007(5): 1–8.

［22］ 田世民，王兆印，李志威，等．黄土高原土壤特性及对河道泥沙特性的影响 [J]. 泥沙研究,2016(5)：79–85.

［23］ 鲜本忠，姜在兴．黄河三角洲地区全新世环境演化及海平面变化 [J]. 海洋地质与第四纪地质，2005, 25(3):1–7.

［24］ 陈刚强．世界上主要河流的长度 [J]. 小学教学研究，1995(8):38–39.

［25］ 佚名．天下黄河第一弯 [J]. 党的建设，2016(9):46–47.

［26］ 王兆印，刘成，余国安，等．河流水沙生态综合管理 [M]. 北京：科学出版社,2014.

［27］ 钱宁，张仁，周志德．河床演变学 [M]. 北京：科学出版社,1987.

［28］ 谢鉴衡．河流模拟 [M]. 北京：水利电力出版社,1990.

［29］ 江恩惠，曹永涛，张林忠，等．黄河下游游荡性河段河势演变规律及机理研究 [M]. 北京：中国水利水电出版社,2006.

［30］ 曹靓．黄河是何时变黄的 ?[J]. 中学历史教学，2005(3):4–5.

［31］ Wu X, Wang H, Bi N, et al. Climate and human battle for dominance over the Yellow River's sediment discharge: From the Mid–Holocene to the Anthropocene[J]. Marine Geology, 2020: 106–188.

［32］ 葛剑雄．黄河与中华文明 [M]. 上海：中华书局，2020.

［33］ 李鸿杰，任德存，侯全亮，等．黄河 [M]. 北京：科学科普出版社，1992.

［34］ 中国国家地理．2017（684）：23.

［35］ Shen G, Wang Y, Tu H, et al. Isochron 26Al/10Be burial dating of Xihoudu: Evidence for the earliest human settlement in northern China[J]. L'Anthropologie, 2020, 124(5)：102790

［36］ 黄河水利委员会 . 黄河人文志 [M]. 郑州：河南人民出版社，1994.

［37］ 河南省自然环境保护与地学旅游发展促进会 . 史前大洪水的传说，自然与文化的耦合 [EB/OL]. (2021–08–04)[2021–11–04].http://www.360doc.com/content/21/08/ 990198_990519411.shtml.

［38］ 付宇 . 浅论上古洪水神话的社会原型与文化内涵 [J]. 边疆经济与文化，2015(9):42–43.

［39］ 胡迪 . 中国古代洪水神话探讨 [J]. 时代文学，2014(2):174–175.

［40］ 王金寿 . 关于女娲补天神话文化的思考 [J]. 甘肃教育学院学报，2000, 16(2):40–44.

［41］ 岳德军 . 禹时何以大水多 [EB/OL].（2021–01–05）[2021–11–04]. 微信公众号：中国副刊 .

［42］ 王润涛 . 洪水传说与中国古代国家的形成 [J]. 湖北大学学报，1990(2)：53–57.

［43］ 傅永和 . 汉字的起源 [N]. 语文导报，1986(2).

［44］ 陈来 . 古代宗教与伦理：儒家思想的根源 [M]. 上海：三联书店,1996.

［45］ 杨向奎 . 宗周社会与礼乐文明 (修订本)[M]. 北京：人民出版社,1997.

［46］ 徐泉海 . 战国时期百家争鸣述略 [J]. 科技视界，2014(10):175.

［47］ 房玄龄 . 晋书·宣帝纪·卷一 [M]. 北京：中华书局,1974.

［48］ 史记·秦始皇本纪 [M]. 中华书局点校本 . 北京：中华书局，1972.

［49］ 胡一三 . 中国江河防洪丛书：黄河卷 [M]. 北京：中国水利水电出版社，1996.

［50］ 中国水利文学艺术协会 . 中华水文化概论 [M]. 郑州：黄河水利出版社，2008.

［51］ 胡梦飞 . 辉煌与没落：明清京杭大运河漕运的兴衰 [J]. 国学，2013(5):36–38.

［52］ 刘庆柱 . 黄河文化：中华民族的"根"与"魂"的解读 [J]. 黄河·黄土·黄种人，2020(9):4–7.

［53］ 史辅成，易元俊，慕平 . 黄河历史洪水调查、考证和研究 [M]. 郑州：黄河水利出版社，2002.

［54］ 关玉璋 . 乌梁素海的形成与演变 [J]. 人民黄河,1989(6):61–63.

［55］ 范永强，杨杰 . 黄河小北干流治理二十年成就 [J]. 治黄科技信息，2006(6):4.

［56］ 胡一三，江恩慧，曹常胜，等 . 黄河河道整治 [M]. 北京：科学出版社,2020.

［57］ 黄河水利委员会 . 黄河下游河道变迁 [Z].2011.

［58］ 鲁枢元，陈先德 . 黄河史 [M]. 郑州：河南人民出版社，2001.

[59] 钱乐祥, 王万同, 李爽. 黄河"地上悬河"问题研究回顾 [J]. 人民黄河, 2005, 27(5):1-6.

[60] 刘春迎. 揭秘开封城下城 [M]. 北京: 科学出版社, 2009.

[61] 侯全亮. 寻探 1761 年黄河大洪水 [EB/OL].(2020-06-23)[2021-11-04]. 黄河网.

[62] 史辅成, 易元俊, 高治定. 1933 年 8 月黄河中游洪水 [J]. 水文, 1984,(6):55-58.

[63] 张岩. 洪水、堤防与社会应对——1933 年黄河特大洪灾形成的环境与社会因素 [J]. 中国历史地理论丛, 2020,35(4):17-31.

[64] 王林, 袁滢滢. 1933 年山东黄河水灾与救济 [J]. 山东师范大学学报, 2005,50(6):93-96.

[65] 陈赞廷, 胡汝南, 张优礼. 黄河 1958 年 7 月大洪水简介 [J]. 水文, 1981(3):44-47.

[66] 胡明思, 骆承政. 中国历史大洪水 [M]. 北京: 中国书店出版社, 1989.

[67] 吴学勤. 黄河下游 1982 年 8 月洪水概述 [J]. 人民黄河, 1982(5):9-12.

[68] 宾光楣. 黄河下游 1982 年 8 月洪水期间河道及工程情况 [J]. 人民黄河, 1983(1):16-19.

[69] 郭继旺, 刘以泉, 崔传杰, 等. 黄河"96·8"洪水现象及下游河床整治思路 [J]. 泥沙研究, 2002(4):25-29.

[70] 胡一三, 曹常胜. 黄河下游"96·8"洪水及河势工情 [J]. 人民黄河, 1997(5):1-8.

[71] 庞致功. 黄河 1996 年汛期洪水的启示 [J]. 人民黄河, 1997(5):12-14.

[72] 王兆印, 刘成, 何耘, 等. 黄河下游治理方略的传承与发展 [J]. 泥沙研究, 2021, 46(1):1-9.

[73] 张含英. 历代治河方略探讨 [M]. 北京: 水利出版社, 1982.

[74] 姚汉源. 黄河水利史研究 [M]. 郑州: 黄河水利出版社, 2003.

[75] 程有为. 黄河中下游地区水利史 [M]. 郑州: 河南人民出版社, 2007.

[76] 杨明. 极简黄河史 [M]. 桂林: 漓江出版社, 2016.

[77] 刘成, 王兆印, 何耘, 等. 黄河下游治理方略的历史回顾 [J]. 泥沙研究, 2020, 45(6):70-76.

[78] 牛建强, 张广圣. 与河共舞: 治河方略的历史迁移 [N]. 黄河报, 2018-4-3(4).

[79] 钮仲勋. 黄河变迁与水利开发 [M]. 北京: 中国水利水电出版社, 2009: 1-44.

[80] 王兆印, 王春红. 束水攻沙还是宽河滞沙? 治黄两千年之争, 谁是谁非? [J]. 治

黄科技信息,2013(6): 1–5.

[81] 胡春宏,陈绪坚,陈建国,等. 黄河干流泥沙空间优化配置研究(I): 理论与模型[J]. 水利学报,2010,41(3):253–263.

[82] 胡春宏. 从三门峡到三峡我国工程泥沙学科的发展与思考[J]. 泥沙研究,2019,44(2): 1–10.

[83] 江恩慧,宋万增,曹永涛,等. 黄河泥沙资源利用关键技术与应用[M]. 北京:科学出版社,2019.

[84] 李原园,李云玲,王慧杰,等. 强化黄河流域水资源调控思路与对策[J]. 中国水利,2021(18):9–10,8.

[85] 王煜,彭少明,武见,等. 黄河"八七"分水方案实施30 a 回顾与展望[J]. 人民黄河,2021, 41(9): 6–13,19.

[86] 吴凯,谢贤群,刘恩民. 黄河断流概况、变化规律及其预测[J]. 地理研究,1998,17(2):125–130.

[87] 崔树强. 黄河断流对黄河三角洲生态环境的影响[J]. 海洋科学,2002, 26(7):5.

[88] 朱鹏. 科学配置,精细调度,严格监管、黄河实现连续 20 年不断流[J]. 人民黄河,2019,409(9):2,183–184.

[89] 黄河志编纂委员会. 黄河志·黄河大事记[M]. 郑州:河南人民出版社,2017.

[90] 徐思敬. 黄河志·黄河河政志[M]. 郑州:河南人民出版社,1996.

[91] 夏厚杨. 黄河治理机构变迁[J]. 黄河·黄土·黄种人,2020(5):40–43.

[92] 吴君勉. 古今治河图说[M]. 北京:中国水利水电出版社,2020.

[93] 张家军,刘彦娥,王德芳. 黄河流域水文站网功能评价综述[J]. 人民黄河,2013,35(12): 21–23.

[94] 胡一三. 70 年来黄河下游历次大修堤回顾[J]. 人民黄河,2020, 42(6):18–21.

[95] 王化云. 我的治河实践[M]. 郑州:河南科学技术出版社,1989.

[96] 董小五. 黄河标准化堤防工程管理刍议[J]. 水利建设与管理,2007(2):72–75.

[97] 陈隆文,梁允华,王琳,等. 黄河文化[M]. 开封:河南大学出版社,2021.

[98] 江恩慧. 黄河泥沙资源利用关键技术与应用[R]. 黄科院,2020.

[99] 江恩慧,王远见,田世民,等. 流域系统科学初探[J]. 水利学报,2020,51(9):1026–1037.

［100］ 司源，王远见，任智慧．黄河下游生态需水与生态调度研究综述 [J]. 人民黄河．2017,39(3)：61–64,69.

［101］ 郜国明，李新杰，马迎平．小浪底水库生态调度的内涵、目标及措施 [J]. 人民黄河，2014(9):76–79.

［102］ 江恩慧，王远见，田世民，等．黄河下游河道滩槽协同治理驱动: 响应关系研究 [J]. 人民黄河，2020, 42(9):52–58, 150.

［103］ 田世民，王远见，江恩慧，等．黄河下游多维子系统耦合作用关系研究：中国水利学会 2018 学术年会论文集 [G]. 北京：中国水利水电出版社,2018.

［104］ 江恩慧，赵连军，王远见，等．基于系统论的黄河下游河道滩槽协同治理研究进展 [J]. 人民黄河,2019,41(10):58–63.

［105］ 王远见．多沙河流水库调度的生态效益评价方法研究 [R]. 郑州：黄河水利科学研究院，2019.

［106］ 管亚兵，赵长森，杨胜天，等．退耕还林 (草) 工程对黄土高原地表产沙的影响 [J]. 中国农业信息，2019, 31(1):12.

［107］ 张学锋，崔树彬．黄河流域的水环境污染源 [J]. 水资源保护,1993(4):30–33.

［108］ 葛雷，闫莉，黄玉芳，等．黄河三角洲生态调度下的生态环境复苏分析与建议 [J]. 中国水利，2022(7):61–62,70.

［109］ 郭兴花摄．黄河美景：山东黄河三角洲 [J]. 中国民政，2021(19):1.

［110］ 水利部黄河水利委员会．黄河流域综合规划 2012—2030 年 [M]. 郑州：黄河水利出版社,2013.

［111］ 中国水利编辑部．三门峡水利枢纽讨论会 [J]. 中国水利,1957(7):16–29.

［112］ 三门峡水利枢纽讨论会办公室．三门峡水利枢纽讨论会综合意见 [J]. 中国水利,1957(7):1–10.

［113］ 沙丹．骑在黄河脖子上的战斗：评 "三门峡" [J]. 中国电影,1958(4):35.

［114］ 程得中，邓泄瑶，胡先学．中国传统水文化概论 [M]. 郑州：黄河水利出版社,2019.

［115］ 孟令村．漳河之畔古灌区 [J]. 中国水利，1989(2):42–43.

［116］ 张幼山．西门豹与漳河十二渠 [J]. 水利天地,1989(4):15.

［117］ 陈陆．郑国："疲秦" 终成郑国渠 [J]. 河北水利,2015(12):29.

［118］ 靳怀堾．从郑国渠到引汉济渭 [J]. 中国水利,2015(14):6–13.

［119］　陆超.宁夏引黄古灌区流润千秋 [J]. 中国防汛抗旱 ,2019,29(5):60−62.

［120］　周文君.宁夏引黄古灌区的历史与文化价值 [J]. 民族艺林 ,2018(3):51−55.

［121］　田锡超.引洛两千载 秦东变沃野 [N]. 陕西日报 ,2020−12−23（15）.

［122］　侯红雨,王洪梅,肖素君.黄河流域灌溉发展规划分析[J]. 人民黄河,2013,35(10):
96−98.

［123］　曹婧,陈怡平,毋俊华,等.黄河流域五大灌区沿河耕地土壤肥力评价与改良措
施 [J]. 地球环境学报 ,2020,11(2):204−214.

［124］　孔国锋,毕东升,任汝信,等.黄河山东灌区水量供需平衡分析 [J]. 泥沙研
究 ,2000(2):60−63.

［125］　冯保清.黄河流域位山灌区节水减淤技术的研究 [J]. 灌溉排水 ,2000(2):65−68.

［126］　吕志奎.流域治理体系现代化的关键议题与路径选择 [J]. 人民论坛 ,2021(5): 4.

［127］　王浩,赵勇.新时期治黄方略初探 [J]. 水利学报 , 2019, 50(11): 1291−1298.

［128］　江恩慧,屈博,曹永涛,等.着眼黄河流域整体完善防洪工程体系 [J]. 中国水
利 ,2021(18):14−17.